本书编委会名单

主　　编 娄　军

副 主 编 陈　皓　邢占超　丛　山　孙琳琳

编写人员（按拼音为序）

陈　皓　丛　山　冯　杰　郭倩倩　郝晓燕

姜丽莉　李　萌　李　娜　李树杰　梁　茜

娄　军　孙　航　孙琳琳　邢占超　杨甲帅

俞　辉　张玮庭　赵　靓　赵　威

前　言

特种设备作为支撑生产生活正常运转的关键设施，其安全性和可靠性直接关乎人民群众的生命财产安全以及社会的和谐稳定。诸如锅炉、压力容器（含气瓶）、压力管道、电梯、起重机械、客运索道、大型游乐设施以及场（厂）内专用机动车辆等特种设备，因具备承载高压、高温、高速运行等特性，一旦发生事故，极有可能引发严重的人员伤亡和巨大的财产损失。

尽管特种设备安全管理领域在制度建设等方面已逐步走向完善，但依然面临诸多挑战。一方面，随着特种设备数量的持续攀升和种类的日益丰富，安全管理工作的难度与复杂程度也在与日俱增；另一方面，部分企业安全意识淡薄，安全管理制度存在漏洞，作业人员专业素质良莠不齐等问题依然较为突出。因此，加强特种设备的安全管理、提高安全技术水平，已然成为当前亟待解决的关键问题。

基于上述背景，中国航天科工防御技术研究院（简称二院）与中国航天科工集团有限公司安全生产培训中心，严格遵循《中华人民共和国特种设备安全法》《特种设备安全监察条例》《特种设备事故报告和调查处理规定》等法规规范的要求，紧密结合生产实际需求，组织专业技术人员精心编写了这本《特种设备安全知识》教材。

本教材致力于全面、系统地介绍特种设备安全知识，涵盖特种设备的定义与分类、相关法律法规和标准、安全管理与操作技术等多个方面。通过学习本教材，读者能够全面掌握特种设备的安全管理要求和操作技术要点，有效提升特种设备的安全管理水平和操作技能。全书共分为九章，第一章对特种设备的定义与分类以及相关法律法规和标准体系的发展历程与现状进行了概述；第二章详细介绍了特种设备安全管理知识，包括使用单位、管理机构及人员要求，特种设备的购置、使用和日常管理等内容；第三章至第九章则分别对电梯、起重机械、场（厂）内机动车辆、压力容器、气瓶、压力管道和锅炉等各类特种设备的安全技术和管理要求进行了深入阐述。

衷心希望本书能够为广大特种设备安全管理人员和作业人员提供有价值的参考和实用的帮助，共同推动特种设备安全管理工作不断迈向新的台阶。

由于编者水平所限，书中难免存在不妥之处，恳请广大读者批评指正。

编　者

2024 年 10 月

目　　录

第一章 概 述

第一节 特种设备的定义与分类

根据《中华人民共和国特种设备安全法》，特种设备是指对人身和财产安全有较大危险性的锅炉、压力容器（含气瓶）、压力管道、电梯、起重机械、客运索道、大型游乐设施和场（厂）内专用机动车辆，以及法律、行政法规规定适用《中华人民共和国特种设备安全法》的其他特种设备。

特种设备依据其主要工作特点，分为承压类特种设备和机电类特种设备。

一、承压类特种设备

承压类特种设备是指承载一定压力的密闭设备或管状设备，包括锅炉、压力容器（含气瓶）、压力管道。

（1）锅炉，是指利用各种燃料、电或者其他能源，将所盛装的液体加热到一定的参数，并通过对外输出介质的形式提供热能的设备。其范围规定为设计正常水位容积大于或者等于 30 L，且额定蒸汽压力大于或者等于 0.1 MPa（表压）的承压蒸汽锅炉；出口水压大于或者等于 0.1 MPa（表压），且额定功率大于或者等于 0.1 MW 的承压热水锅炉；额定功率大于或者等于 0.1 MW 的有机热载体锅炉。

（2）压力容器，是指盛装气体或者液体，承载一定压力的密闭设备。其范围规定为最高工作压力大于或者等于 0.1 MPa（表压）的气体、液化气体和最高工作温度高于或者等于标准沸点的液体、容积大于或者等于 30 L 且内直径（非圆形截面指截面内边界最大几何尺寸）大于或者等于 150 mm 的固定式容器和移动式容器；盛装公称工作压力大于或者等于 0.2 MPa（表压），且压力与容积的乘积大于或者等于 1.0 MPa · L 的气体、液化气体和标准沸点等于或者低于 60 ℃液体的气瓶；氧舱。

（3）压力管道，是指利用一定的压力，用于输送气体或者液体的管状设备。其范围规定为最高工作压力大于或者等于 0.1 MPa（表压），介质为气体、液化气体、蒸汽或者可燃、易爆、有毒、有腐蚀性、最高工作温度高于或者等于标准沸点的液体，且公称直径大于或者等于 50 mm 的管道。公称直径小于 150 mm，且其最高工作压力小于 1.6 MPa（表压）的输送无毒、不可燃、无腐蚀性气体的管道和设备本体所属管道除外。

二、机电类特种设备

机电类特种设备是指必须由电力牵引或驱动的设备，包括电梯、起重机械、客运索道、大型游乐设施、场（厂）内专用机动车辆。

（1）电梯，是指动力驱动，利用沿刚性导轨运行的箱体或者沿固定线路运行的梯级（踏步），进行升降或者平行运送人、货物的机电设备。包括载人（货）电梯、自动扶梯、自动人行道等。非公共场所安装且仅供单一家庭使用的电梯除外。

（2）起重机械，是指用于垂直升降或者垂直升降并水平移动重物的机电设备。其范围规定为额定起重量大于或者等于 0.5 t 的升降机；额定起重量大于或者等于3 t（或额定起重力矩大于或者等于40 t · m 的塔式起重机，或生产率大于或者等于300 t/h 的装卸桥），且提升高度大于或者等于2 m 的起重机；层数大于或者等于 2 层的机械式停车设备。

（3）客运索道，是指动力驱动，利用柔性绳索牵引箱体等运载工具运送人员的机电设备。包括客运架空索道、客运缆车、客运拖牵索道等。非公用客运索道和专用于单位内部通勤的客运索道除外。

（4）大型游乐设施，是指用于经营目的，承载乘客游乐的设施。其范围规定为设计最大运行线速度大于或者等于 2 m/s，或者运行高度距地面高于或者等于 2 m 的载人大型游乐设施。用于体育运动、文艺演出和非经营活动的大型游乐设施除外。

（5）场（厂）内专用机动车辆，是指除道路交通、农用车辆以外仅在工厂厂区、旅游景区、游乐场所等特定区域使用的专用机动车辆。

特种设备包括其附属的安全附件、安全保护装置和与安全保护装置相关的设施。国家对特种设备实行目录管理。特种设备目录由国务院负责特种设备安全监督管理的部门制定，报国务院批准后执行。

中国航天科工集团第二研究院（简称二院）各单位在科研生产和服务保障活动中也大量使用特种设备，主要包括电梯、起重机械、场（厂）内机动车、压力容器（含气瓶）、压力管道和锅炉。本书也将以二院主要存在的六类特种设备为重点介绍相关安全知识。

第二节　特种设备相关法律法规和标准

由于特种设备在生产和社会生活中的重要作用及其本身所具有的危险性，世界多数国家都制定了特种设备安全管理法律法规和技术标准，对其从设计、制造到使用、报废的全过程实施严格的管理。我国特种设备安全监察工作已经走过了半个多世纪的历程，通过技术性执法，有效地抑制了特种设备事故发生。建立和完善特种设备法规标准体系，对保障特种设备安全、促进经济建设发挥着重要作用。经历近60年的历史进程，我国所建立的特种设备法规标准体系是以《特种设备安全法》为法律基础和核心，以《特种设备安全监察条例》和地方法规为主导，以《特种设备事故报告和调查处理规定》《高耗能特种设备监督管理办法》《特种设备作业人员监督管理办法》等部门规章和地方政府规章为原则，通过特种设备安全技术规范所确定的基本安全要求和准则予以实施的较为系统和完备的体系。

一、特种设备法规标准体系的历史进程

特种设备法规标准体系集合特种设备安全的各个要素，是对特种设备安全监察、安全性能、安全管理、安全技术措施等的完整描述，是实现依法监管的基础，是完善法治建设的重要内容。

1. 初创阶段

1955年4月25日，国营天津第一棉纺厂发生了一起严重的锅炉爆炸事故。由此国务院批准在劳动部设立了国家锅炉检查总局，制定了《蒸汽锅炉安全技术监察规程》等技术法规。同时，锅炉专业标准(G)1~5册、《钢制石油化工压力容器设计规范》《电梯技术条件》等技术标准在这个时期也相继制定并实施。

2. 建立阶段

1982年2月，国务院发布了《锅炉压力容器安全监察暂行条例》，此后的20余年里，锅炉压力容器等特种设备法规标准不断完善，如修订《蒸汽锅炉安全技术监察规程》，制定《气瓶安全技术监察规程》《起重机械安全监察规定》等技术法规。与此同时，特种设备相关的技术标准如《钢制压力容器》(GB 150)、《钢质无缝气瓶》(GB 5099)、《电梯制造与安装安全规范》(GB 7588)、《游艺机和游乐设施安全》(GB 8408)等出台，初步构成了我国特种设备安全监察“行政法规—部门规章—安全技术规范—标准规定”四个层次的法规标准体系的雏形。但是《锅炉压力容器安全监察暂行条例》由于受其适用范围的限制，尚不具有一般法的性质，不能成为特种设备法规标准体系的法律基础。

3. 创新发展阶段

2003年3月，《特种设备安全监察条例》颁布，是包括对锅炉压力容器（含气瓶)、压力管道、电梯、起重机械、客运索道、大型游乐设施等七种特种设备进行全过程监管的综合性行政法规，具有一般法的特点，是形成特种设备法规标准体系的法律基础。2013年6月，《中华人民共和国特种设备安全法》出台，这是一部关于特种设备的专门法，形成了由“法律—行政法规—部门规章—特种设备安全技术规范—相关标准”五个层次构成的我国特种设备法规标准体系。

二、特种设备法规标准体系现状

我国对特种设备进行全过程的安全监督管理模式。全过程包括特种设备的设计、制造、安装使用、检验、修理、改造等涉及安全的各个环节。而每一个环节都要根据我国特种设备法规体系的要求进行各自侧重的工作，比如设计单位侧重设计工作，制造单位侧重制造工作，检验单位侧重检验工作等等。但是特种设备安全问题涉及的因素是各个方面的，各环节之间相互联系、互相影响。我国特种设备法规标准体系的结构层次是：“法律—行政法规—部门规章—安全技术规范—相关标准”。

（一）法律

法律是指由全国人民代表大会和全国人民代表大会常务委员会通过，并由国家主席签署主席令予以公布的法律。《中华人民共和国特种设备安全法》由中华人民共和国第十二届全国人民代表大会常务委员会第 3 次会议通过，2013 年 6 月 29 日中华人民共和国主席令第 4 号公布。《中华人民共和国特种设备安全法》分总则，生产、经营、使用，检验、检测，监督管理，事故应急救援与调查处理，法律责任，附则共 7 章 101 条，自 2014 年 1 月 1 日起施行。《特种设备安全法》的出台标志着我国特种设备安全工作向科学化、法治化方向迈进了一大步。

另外，现行法律中涉及特种设备安全的法律还有《中华人民共和国安全生产法》《中华人民共和国劳动法》《中华人民共和国节约能源法》《中华人民共和国行政许可法》《中华人民共和国标准化法》《中华人民共和国石油天然气保护法》《中华人民共和国进出口商品检验法》。

（二）行政法规

行政法规在我国是指最高行政机关，即国务院根据宪法和法律或者全国人大常委会的授权，依照法定权限和程序，制定颁布的有关行政管理的规范性文件，由国务院总理签署，以国务院令的方式公布。地方性法规由省、自治区、直辖市和较大的市的人民代表大会及其常务委员会，根据本行政区域的具体情况和实际需要，在不与宪法、法律、行政法规相抵触的前提下制定，由大会主席团或者常务委员会用公告公布施行的文件。地方性法规在本行政区域内有效。2003 年 3 月 11 日经中华人民共和国国务院令第 373 号颁布《特种设备安全监察条例》，2009 年 1 月 24 日经中华人民共和国国务院令第 549 号修订。如《浙江省特种设备安全管理条例》《江苏省特种设备安全监察条例》《山东省特种设备安全监察条例》等都是地方性法规。

另外，与特种设备有关的行政法规还有《危险化学品安全管理条例》《安全生产事故报告和调查处理条例》《国家突发公共事件总体应急预案》《国家安全生产事故灾难应急预案》《特种设备特大事故应急预案》等。

（三）行政规章

特种设备方面的部门规章以特种设备安全监督管理部门首长签署部门令的形式予以公布，并经过一定方式向社会公告。在我国行政管理活动中，规章作为法律、法规的补充形式，发挥着重要作用。但行政规章的效力低于法律、法规。现行的特种设备部门规章包括《特种设备事故报告和调查处理规定》《高耗能特种设备监督管理办法》《特种设备作业人员监督管理办法》《特种设备质量监督与安全监察规定》《锅炉压力容器制造监督管理办法》《气瓶安全监察规定》《起重机械安全监察规定》等。如《湖北省特种设备事故隐患监督管理办法》《北京市电梯安全监督管理办法》《上海市电梯安全监察办法》等都属于地方政府规章。

（四）安全技术规范

特种设备安全技术规范是指国家市场监督管理总局（2018 年前为质量监督检验检疫总局）依据《中华人民共和国特种设备安全法》《特种设备安全监察条例》所制定并且颁布的技术规范，主要包括特种设备安全性能、能效指标以及相应的生产（包括设计、制造、安装、改造、修理）、经营、使用和检验、检测等活动的强制性基本安全要求、节能要求、技术和管理措施等内容。是特种设备法规标准体系的重要组成部分，其作用是将特种设备有关的法律、法规和规章的原则规定具体化。

2004 年以前特种设备安全技术规范以“规程”“规则”“细则”等形式颁布，从 2004 年起，特种设备安全技术规范皆以 TSG（即用特种设备中的特 Te、设 She 和规范 Guifan 的拼音首字母）的形式颁布。根据特种设备目录，安全技术规范分为综合管理、锅炉、压力容器、压力管道（及元件）、电梯、起重机械、游乐设施、客运索道、场（厂）内专用机动车辆等九类。综合类规范以安全监察管理内容为主，其他各类设备规范以该类设备的全过程基本安全要求为主。安全技术规范包括专项规范和综合规范。专项规范是指某类特种设备的某环节的规范。综合规范是指某类特种设备的所有环节或者所有特种设备的某个环节的规范。

（五）标准

标准是指为在一定范围内获得最佳秩序，对活动或其结果规定共同的和重复的使用的规则、导则或特性的文件，该文件经协商一致并经一个公认的机构批准，以特定的形式，作为共同遵守的准则和依据。在我国，在一定范围内通过法律、行政法规等手段强制执行的标准是强制性标准，其他标准是推荐性标准。特种设备相关标准由全国专业标准化技术组织和部委、协会或者集团公司组织制定。与特种设备相关的标准化技术委员会、分技术委员会近50个。初步统计，我国目前共有各类特种设备相关标准2000多个，主要为国家标准和行业标准，也有少量的企业标准。例如，GB 150《钢制压力容器》，JB 4732《钢制压力容器——分析设计标准》等。

应注意以下三点：

1. 效力关系

从第一层级到第五层级效力逐级降低，文件的数量逐级增加。法律的效力高于行政法规、地方性法规、规章，行政法规的效力高于地方性法规、规章；地方性法规的效力高于本级和下级地方政府规章；部门规章之间、部门规章和地方政府规章之间具有同等效力，在各自的权限范围内施行。所以在特种设备行业，具有最高效力的法规是《中华人民共和国特种设备安全法》，其次是《特种设备安全监察条例》。

2. 强制性关系

特种设备安全技术规范（TSG规范）是按照国务院《特种设备安全监察条例》授权制定并颁布实施的，因此其要求必须强制执行。而《中华人民共和国标准化法》中对强制性标准的定义，也具有强制性执行力。因此，在我国，法律、法规、行政规章、安全技术规范都是强制执行的，但对非强制性标准，只有被法规引用，其被引用的内容才具有强制性作用。推荐性的标准不具有强制性。

3. 侧重点

位于特种设备法规标准体系最高等级的《特种设备安全法》明确了立法宗旨、适用范围，明确了特种设备定义，并且对特种设备安全工作的原则和基本方式，特种设备安全监督管理体制，各级政府在特种设备安全工作中的职责，特种设备生产、经营、使用单位义务等都做了原则性的规定，使得各部门在从事特种设备工作中有法可依。而特种设备规章、安全技术规范是政府对特种设备安全监察全方位、全过程的基本安全要求和管理要求，是特种设备监督管理部门为了实施法律、法规所采取的具体要求和措施，是政府意志的体现，是社会和大众的安全需求与经济发展、技术水平、管理成本、各方利益协调一致的产物。安全技术规范只提出原则性的基本安全要求，标准是产品或者方法要求，指导产品的生产或技术方法的实现，侧重环节控制与质量要求，是成熟技术或者方法的体现，所以标准是安全技术规范的技术支撑。

特种设备在二院各单位也被广泛使用，为进一步加强特种设备安全生产工作，有效预防和减少生产安全事故，保障职工生命安全健康，二院持续建立健全特种设备管理的规章制度和标准，制定并发布了《中国航天科工集团第二研究院设备管理办法》、《中国航天科工集团第二研究院安全生产管理规定》、《特种设备安全管理规范》（Q/WE 1395—2021）、《气瓶安全技术要求》（Q/WE 1387—2020）等规章制度和院级标准，各特种设备使用单位也分别按要求制定了具体的特种设备管理制度和操作规程，严格落实国家和上级关于特种设备管理的各项规定。

2023 年，为了贯彻落实习近平总书记关于“把安全生产责任制落到实处，切实防范重特大安全生产事故的发生”重要指示精神和党中央、国务院的重大决策部署，市场监管总局发布了《特种设备使用单位落实使用安全主体责任监督管理规定》，进一步压实企业主体责任。二院各特种设备使用单位应当依法配备特种设备安全总监、特种设备安全员，建立主要负责人全面负责，安全总监、安全员分级负责的安全责任体系，有效运用“日管控、周排查、月调度”工作机制落实主体责任，减少风险隐患，不断提高特种设备安全水平。

第三节 特种设备的发展和安全状况

特种设备是生产和生活中广泛使用的重要技术设备和设施。由于特种设备具有潜在的危险性，对其实施的管理，关系到公众的健康和安全。

我国的特种设备起步较晚，但发展速度及需求量十分惊人。近年来，随着我国经济的快速发展，特种设备数量也在迅速增加。特种设备本身所具有的危险性，与迅猛增长的数量因素双重叠加，使得特种设备安全运行形势更加复杂。根据市场监督管理总局公布的数据显示，截至 2022 年年底，全国特种设备总量达 1955. 25 万台。其中：锅炉 32. 92 万台、压力容器 497. 15 万台、电梯 964. 46 万台、起重机械 279. 24 万台、客运索道 1117 条、大型游乐设施 2. 52 万台（套）、场（厂）内专用机动车辆 178. 85 万台，如图 1 – 1 所示。另有气瓶 2. 35 亿只、压力管道 85. 9 万 km（在册）。共有特种设备生产（含设计、制造、安装、改造、修理）和充装单位 75689 家，持有许可证 77150 张，其中：设计许可证 2682 张，制造许可证 16631 张，安装改造修理许可证 30747 张，移动式压力容器及气瓶充装许可证 27090 张。特种设备作业人员持证 1193. 48 万张，如图 1 – 2 所示。

由于我国的特殊状况，特种设备的监管机构从 1955 年起建立，经历了建立、合并、恢复、撤销、再建立的曲折过程，从而出现了事故率波动起伏的状况。改

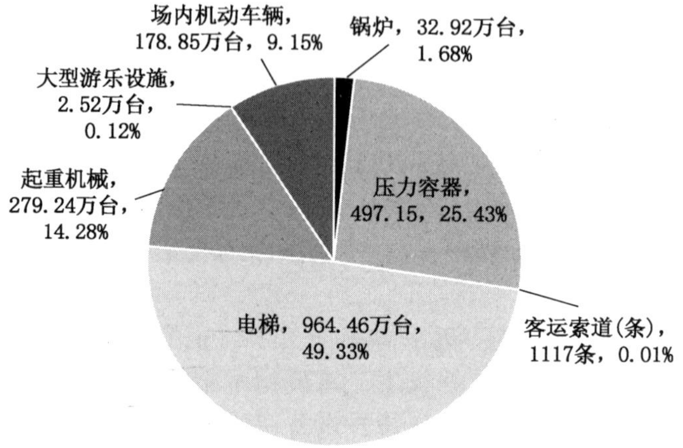

图1-1　2022年特种设备数量分类比例图

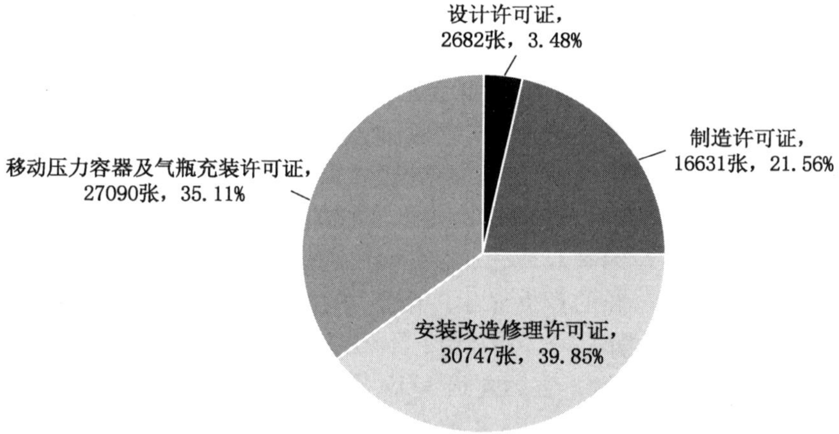

图1-2　2022年特种设备生产许可证分类比例图

革开放以后，特别是1979年的几起恶性事故，引起了国务院的高度重视，又重新批准了国家劳动局的安全监察机构，并大幅增加了编制，以便更有效地开展特种设备的安全监察工作。逐步建立了相应的检验单位，加强了对外交流与合作，借鉴国外的经验，使特种设备的监察工作步入了正轨。从十一届三中全会以后，国家对特种设备的安全管理一直没有放松过，而且通过务实的方式，建立和健全了我国特种设备安全管理体制及安全管理机构，完善和重新起草了相应的法律法规、标准和规程，对特种设备的识别和归类提出了新的规范，对特种设备的设计、制造、安装、检验和改造机构实行了行政许可制度并强制实施，对特种设备的操作人员、检验人员、维护保养人员实行了考核合格和持证上岗的原则，对于使用单位必须建立相应的管理机构或设置专兼职安全管理人员，负责本单位安全监督和建立健全相应管理制度和具体的操作过程、维护保养、检验测试，以及定期和不定期的检查和监督，并落实责任和考核。

由于各种法律法规的建立和监督力度的加大，促进了特种设备的定期检验率的明显提高，大大降低了安全隐患和事故。2022 年，全国共发生特种设备事故和相关事故 108 起，死亡 101 人，未发生重特大事故，万台特种设备死亡人数为 0.07。按设备类别划分，锅炉事故 4 起，死亡 6 人；压力容器事故 7 起，死亡 3 人；气瓶事故 5 起，死亡 9 人；压力管道事故 2 起，死亡 2 人；场（厂）内专用机动车辆事故 42 起，死亡 40 人；起重机械事故 25 起，死亡 23 人；电梯事故 22 起，死亡 17 人；大型游乐设施事故 1 起，死亡 1 人，如图 1－3、图 1－4 所示。其中：场（厂）内专用机动车辆、起重机械和电梯事故占比较大，占事故总起数的 82.41%、占死亡总人数的 79.21%。发生在使用环节的有 95 起，占 87.96%；发生在维修环节的有 10 起，占 9.26%；发生在安装调试环节的有 1 起，占 0.93%；发生在检验检测环节的有 1 起，占 0.93%。运输环节 1 起，占 0.93%。承压类设备（锅炉、压力容器、气瓶、压力管道）事故的主要特征是

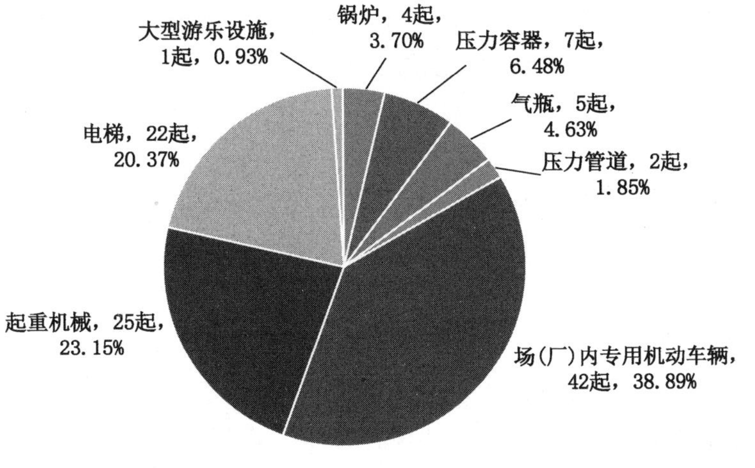

图 1－3 2022 年特种设备事故起数及占比图

爆炸、泄漏着火等；机电类设备［起重机械、电梯、大型游乐设施、场（厂）内专用机动车辆、客运索道］事故的主要特征是坠落、碰撞、挤压等。

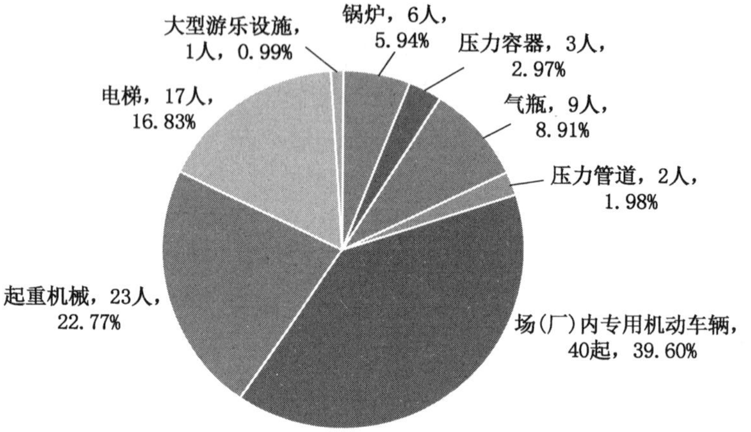

图1－4　2022年特种设备事故死亡人数及占比

作为特种设备使用单位，首先要在思想上高度重视特种设备的安全管理工作，肩负起特种设备管理主体责任，认真学习、贯彻《中华人民共和国特种设备安全法》等法律法规及相关特种设备安全技术规范、规程，加强特种设备购置和维修管理，建立和完善特种设备安全技术档案，提高特种设备作业人员实际操作、维护保养技术能力，定期对在用特种设备进行维护保养和检查，使安全隐患消除在萌芽状态，避免安全生产事故发生。

小结

本章主要介绍了特种设备的定义与分类，介绍了我国特种设备相关法律法规体系及特种设备的发展和安全现状，使学员了解特种设备的基本概况。

思考与讨论

1. 特种设备主要包括哪些设备？
2. 特种设备相关的主要法律、法规有哪些？

第二章　特种设备安全管理知识

第一节　特种设备使用单位、管理机构及人员要求

一、特种设备使用单位

特种设备使用单位，是指具有特种设备使用管理权的单位或者具有完全民事行为能力的自然人，一般是特种设备的产权单位，也可以是产权单位通过符合法律规定的合同关系确定的特种设备实际使用管理者。新安装未移交业主的电梯，项目建设单位是使用单位；委托物业服务单位管理的电梯，物业服务单位是使用单位；产权单位自行管理的电梯，产权单位是使用单位。

特种设备使用单位的主要义务如下：

（1）建立并且有效实施特种设备安全管理制度以及操作规程。

（2）采购、使用取得许可生产（含设计、制造、安装、改造、维修）并且经检验合格的特种设备，不得采购超过设计使用年限的特种设备，禁止使用国家明令淘汰和已经报废的特种设备。

（3）设置特种设备安全管理机构，配备相应的安全管理人员和作业人员，建立人员管理台账，开展安全培训教育，保存人员培训记录。

（4）办理使用登记，领取特种设备使用登记证，设备注销时交回使用登记证。

（5）建立特种设备台账及技术档案。

（6）对特种设备作业人员作业情况进行检查，及时纠正违章作业行为。

（7）对在用特种设备进行经常性维护保养和定期自行检查，及时排查和消除事故隐患，对在用特种设备的安全附件、安全保护装置及其附属仪器仪表进行定期校验（检定、校准）、检修，及时提出定期检验申请，接受定期检验，并且做好相关配合工作。

（8）制定特种设备事故应急专项预案，定期进行应急演练；发生事故及时上报，配合事故调查处理等。

（9）保证特种设备安全必要的投入。

（10）法律、法规规定的其他义务。

使用单位应当接受特种设备安全监管部门依法实施的监督检查。

二、特种设备管理机构

特种设备安全管理机构是指使用单位中承担特种设备安全管理职责的内设机构。特种设备安全管理机构的职责是贯彻执行特种设备有关法律法规和安全技术规范及相关标准，负责落实使用单位的主要义务。

电梯等为公众提供服务的特种设备运营使用单位，应当设置特种设备安全管理机构或者配备专职的安全管理人员。使用特种设备（不含气瓶）总量50台以上（含50台）的单位应当设置特种设备安全管理机构，逐台落实安全责任人。其他特种设备使用单位，应当根据情况设置特种设备安全管理机构或者配备专职、兼职的安全管理人员。

三、特种设备管理人员

（一）主要负责人

主要负责人是特种设备使用单位的实际最高管理者，对单位所使用的特种设备安全负总责。主要负责人应当建立并落实特种设备使用安全主体责任的长效机制，支持和保障特种设备安全管理人员依法开展特种设备使用安全管理工作，在作出涉及特种设备安全的重大决策前，应当充分听取特种设备安全总监和特种设备安全管理员的意见和建议。

（二）特种设备安全管理负责人

特种设备使用单位应当配备安全管理负责人。特种设备安全管理负责人是指使用单位最高管理层中主管本单位特种设备使用安全管理的人员。使用特种设备（不含气瓶）总量50台以上（含50台）的单位的安全管理负责人，应当取得相应的特种设备安全管理人员资格证书。

特种设备安全管理负责人职责如下：

（1）协助主要负责人履行本单位特种设备安全的领导职责，确保本单位特种设备的安全使用。

（2）宣传、贯彻《中华人民共和国特种设备安全法》以及有关法律、法规、规章和安全技术规范。

（3）组织制定本单位特种设备安全管理制度，落实特种设备安全管理机构设置、安全管理员配备。

（4）组织制定特种设备事故应急专项预案，并且定期组织演练。

（5）对本单位特种设备安全管理工作实施情况进行检查。

（6）组织进行隐患排查，并且提出处理意见。

（7）当安全管理员报告特种设备存在事故隐患应当停止使用时，立即做出停止使用特种设备的决定，并且及时报告本单位主要负责人。

（三）特种设备安全总监

2023 年发布的《特种设备使用单位落实使用安全主体责任监督管理规定》中要求，锅炉、压力容器、压力管道、电梯、起重机械、场（厂）内专用机动车辆等特种设备的使用单位以及气瓶的充装单位应当依法配备锅炉安全总监、电梯安全总监等相应特种设备安全总监。特种设备安全总监一般由特种设备安全管理负责人担任，其持证要求仍按照《特种设备使用管理规则》（TSG 08—2017）执行。除规定中要求不得兼任的情形外，特种设备安全总监根据本单位实际可以兼任。

各类特种设备安全总监职责如下：

1. 电梯安全总监职责

（1）组织宣传、贯彻电梯有关的法律法规、安全技术规范及相关标准。

（2）组织制定本单位电梯使用安全管理制度，督促落实电梯使用安全责任制，组织开展电梯安全合规管理。

（3）组织制定电梯事故应急专项预案并开展应急演练。

（4）落实电梯安全事故报告义务，采取措施防止事故扩大。

（5）对电梯安全员进行安全教育和技术培训，监督、指导电梯安全员做好相关工作。

（6）按照规定组织开展电梯使用安全风险评价工作，拟定并督促落实电梯使用安全风险防控措施。

（7）对本单位电梯使用安全管理工作进行检查，及时向主要负责人报告有关情况，提出改进措施。

（8）接受和配合有关部门开展电梯安全监督检查、监督检验、定期检验和事故调查等工作，如实提供有关材料。

（9）本单位投保电梯保险的，落实相应的保险管理职责。

（10）履行市场监督管理部门规定和本单位要求的其他电梯使用安全管理职责。

2. 起重机械安全总监职责

（1）组织宣传、贯彻起重机械有关的法律法规、安全技术规范及相关标准。

（2）组织制定本单位起重机械使用安全管理制度，督促落实起重机械使用安全责任制，组织开展起重机械安全合规管理。

（3）组织制定起重机械事故应急专项预案并开展应急演练。

（4）落实起重机械安全事故报告义务，采取措施防止事故扩大。

（5）对起重机械安全员进行安全教育和技术培训，监督、指导起重机械安全员做好相关工作。

（6）按照规定组织开展起重机械使用安全风险评价工作，拟定并督促落实起重机械使用安全风险防控措施。

（7）对本单位起重机械使用安全管理工作进行检查，及时向主要负责人报告有关情况，提出改进措施。

（8）接受和配合有关部门开展起重机械安全监督检查、监督检验、定期检验和事故调查等工作，如实提供有关材料。

（9）履行市场监督管理部门规定和本单位要求的其他起重机械使用安全管理职责。

3. 场车安全总监职责

（1）组织宣传、贯彻场车有关的法律法规、安全技术规范及相关标准。

（2）组织制定本单位场车使用安全管理制度，督促落实场车使用安全责任制，组织开展场车安全合规管理。

（3）组织制定场车事故应急专项预案并开展应急演练。

（4）落实场车安全事故报告义务，采取措施防止事故扩大。

（5）对场车安全员进行安全教育和技术培训，监督、指导场车安全员做好相关工作。

（6）按照规定组织开展场车使用安全风险评价工作，拟定并督促落实场车使用安全风险防控措施。

（7）对本单位场车使用安全管理工作进行检查，及时向主要负责人报告有关情况，提出改进措施。

（8）接受和配合有关部门开展场车安全监督检查、定期检验和事故调查等工作，如实提供有关材料。

（9）履行市场监督管理部门规定和本单位要求的其他场车使用安全管理职责。

4. 压力容器安全总监职责

（1）组织宣传、贯彻压力容器有关的法律法规、安全技术规范及相关标准。

（2）组织制定本单位压力容器使用安全管理制度，督促落实压力容器使用安全责任制，组织开展压力容器安全合规管理。

（3）组织制定压力容器事故应急专项预案并开展应急演练。

（4）落实压力容器安全事故报告义务，采取措施防止事故扩大。

（5）对压力容器安全员进行安全教育和技术培训，监督、指导压力容器安全员做好相关工作。

（6）按照规定组织开展压力容器使用安全风险评价工作，拟定并督促落实压力容器使用安全风险防控措施。

（7）对本单位压力容器使用安全管理工作进行检查，及时向主要负责人报告有关情况，提出改进措施。

（8）接受和配合有关部门开展压力容器安全监督检查、监督检验、定期检验和事故调查等工作，如实提供有关材料。

（9）履行市场监督管理部门规定和本单位要求的其他压力容器使用安全管理职责。

5. 气瓶安全总监职责

（1）组织宣传、贯彻气瓶有关的法律法规、安全技术规范及相关标准。

（2）组织制定本单位气瓶充装安全管理制度，督促落实气瓶充装安全责任制，组织开展气瓶安全合规管理。

（3）组织制定气瓶事故应急专项预案并开展应急演练。

（4）落实气瓶安全事故报告义务，采取措施防止事故扩大。

（5）对气瓶安全员进行安全教育和技术培训，监督、指导气瓶安全员做好相关工作。

（6）按照规定组织开展气瓶充装安全风险评价工作，拟定并督促落实气瓶充装安全风险防控措施。

（7）对本单位气瓶充装安全管理工作进行检查，及时向主要负责人报告有关情况，提出改进措施。

（8）接受和配合有关部门开展气瓶安全监督检查、监督检验、定期检验和事故调查等工作，如实提供有关材料。

（9）组织建立并持续维护气瓶充装质量安全追溯体系。

（10）组织编制安全用气须知或者用气说明书。

（11）组织实施报废气瓶的去功能化和办理注销使用登记。

（12）本单位投保气瓶充装安全责任保险的，落实相应的保险管理职责。

（13）履行市场监督管理部门规定和本单位要求的其他气瓶安全管理职责。

6. 压力管道安全总监职责

（1）组织宣传、贯彻压力管道有关的法律法规、安全技术规范及相关标准。

（2）组织制定本单位压力管道使用安全管理制度，督促落实压力管道使用安全责任制，组织开展压力管道安全合规管理。

（3）组织制定压力管道事故应急专项预案并开展应急演练。

（4）落实压力管道安全事故报告义务，采取措施防止事故扩大。

（5）对压力管道安全员进行安全教育和技术培训，监督、指导压力管道安全员做好相关工作。

（6）按照规定组织开展压力管道使用安全风险评价工作，拟定并督促落实压力管道使用安全风险防控措施。

（7）对本单位压力管道使用安全管理工作进行检查，及时向主要负责人报告有关情况，提出改进措施。

（8）接受和配合有关部门开展压力管道安全监督检查、监督检验、定期检验和事故调查等工作，如实提供有关材料。

（9）履行市场监督管理部门规定和本单位要求的其他压力管道使用安全管理职责。

7. 锅炉安全总监职责

（1）组织宣传、贯彻锅炉有关的法律法规、安全技术规范及相关标准。

（2）组织制定本单位锅炉使用安全管理制度，督促落实锅炉使用安全责任制，组织开展锅炉安全合规管理。

（3）组织制定锅炉事故应急专项预案并开展应急演练。

（4）落实锅炉安全事故报告义务，采取措施防止事故扩大。

（5）对锅炉安全员进行安全教育和技术培训，监督、指导锅炉安全员做好相关工作。

（6）按照规定组织开展锅炉使用安全风险评价工作，拟定并督促落实锅炉使用安全风险防控措施。

（7）对本单位锅炉使用安全管理工作进行检查，及时向主要负责人报告有关情况，提出改进措施。

（8）接受和配合有关部门开展锅炉安全监督检查、监督检验、定期检验和事故调查等工作，如实提供有关材料。

（9）履行市场监督管理部门规定和本单位要求的其他锅炉使用安全管理职责。

（四）特种设备安全管理员

特种设备安全管理员是指具体负责特种设备安全管理的人员。使用单位应当根据本单位特种设备的数量、特性等配备足够数量的安全管理员，并逐台明确负责的特种设备安全管理员。设置安全管理机构的使用单位以及符合下列条件之一的特种设备使用单位，应当配备专职安全管理员，并且取得相应的特种设备安全管理人员资格证书：

（1）使用额定工作压力大于或者等于 2.5 MPa 锅炉的。

（2）使用 5 台以上（含 5 台）第Ⅲ类固定式压力容器的。

（3）从事移动式压力容器或者气瓶充装的。

（4）使用 10 km 以上（含 10 km）工业管道的。

（5）使用移动式压力容器的。

（6）使用各类特种设备（不含气瓶）总量 20 台以上（含 20 台）的。

上述情况以外的单位可以配备兼职安全管理员，也可以委托具有特种设备管理人员资格的人员负责使用管理，但是特种设备安全使用的责任主体仍然是使用单位。

特种设备安全管理员的主要职责如下：

（1）组织建立特种设备安全技术档案。

（2）办理特种设备使用登记。

（3）组织制定特种设备操作规程。

（4）组织开展特种设备安全教育和技能培训。

（5）组织开展特种设备定期自行检查。

（6）编制特种设备定期检验计划，督促落实定期检验和隐患治理工作。

（7）按照规定报告特种设备事故，参加特种设备事故救援，协助进行事故调查和善后处理。

（8）发现特种设备事故隐患立即进行处理，情况紧急时，可以决定停止使用特种设备，并且及时报告本单位安全管理负责人。

（9）纠正和制止特种设备作业人员的违章行为。

（五）特种设备安全员

2023 年发布的《特种设备使用单位落实使用安全主体责任监督管理规定》中要求，锅炉、压力容器、压力管道、电梯、起重机械、场（厂）内专用机动车辆等特种设备的使用单位，以及气瓶的充装单位应当依法配备锅炉安全员、电梯安全员等相应特种设备安全员。特种设备安全员一般由特种设备安全管理员担任，其持证要求仍按照《特种设备使用管理规则》（TSG 08—2017）执行。除规定中要求不得兼任的情形外，特种设备安全员根据本单位实际可以兼任。

各类特种设备安全员职责如下：

1. 电梯安全员职责

（1）建立、健全电梯安全技术档案并办理本单位电梯使用登记。

（2）组织制定电梯安全操作规程。

（3）妥善保管电梯专用钥匙和工具。

（4）组织对电梯作业人员和技术人员进行教育和培训。

（5）对电梯进行日常巡检，引导和监督正确使用电梯。

（6）对电梯维护保养过程和结果进行监督确认，配合做好现场安全工作。

（7）确保电梯紧急报警装置正常使用，保持电梯应急救援通道畅通，在发生故障和困人等突发情况时，立即安抚相关人员，并组织救援。

（8）编制电梯自行检测和定期检验计划，督促落实电梯自行检测、定期检验和后续整改等工作。

（9）按照规定报告电梯事故，参加电梯事故救援，协助进行事故调查和善后处理。

（10）履行市场监督管理部门规定和本单位要求的其他电梯使用安全管理职责。

2. 起重机械安全员职责

（1）建立、健全起重机械安全技术档案并办理本单位起重机械使用登记。

（2）组织制定起重机械安全操作规程。

（3）组织对起重机械作业人员进行教育和培训，指导和监督作业人员正确使用起重机械。

（4）对起重机械进行日常巡检，纠正和制止违章作业行为。

（5）编制起重机械定期检验计划，督促落实起重机械定期检验和后续整改等工作。

（6）按照规定报告起重机械事故，参加起重机械事故救援，协助进行事故调查和善后处理。

（7）履行市场监督管理部门规定和本单位要求的其他起重机械使用安全管理职责。

3. 场车安全员职责

（1）建立、健全场车安全技术档案，并办理本单位场车使用登记。

（2）组织制定场车安全操作规程。

（3）组织对场车作业人员进行教育和培训，指导和监督作业人员正确使用场车。

（4）对场车和作业区域进行日常巡检，纠正和制止违章作业行为。

（5）编制场车定期检验计划，督促落实场车定期检验和后续整改等工作。

（6）按照规定报告场车事故，参加场车事故救援，协助进行事故调查和善后处理。

（7）履行市场监督管理部门规定和本单位要求的其他场车使用安全管理职责。

4. 压力容器安全员职责

（1）建立、健全压力容器安全技术档案并办理本单位压力容器使用登记。

（2）组织制定压力容器安全操作规程。

（3）组织对压力容器作业人员和技术人员进行教育和培训。

（4）组织对压力容器进行日常巡检，纠正和制止违章作业行为。

（5）编制压力容器定期检验计划，督促落实压力容器定期检验和后续整改等工作。

（6）按照规定报告压力容器事故，参加压力容器事故救援，协助进行事故调查和善后处理。

（7）履行市场监督管理部门规定和本单位要求的其他压力容器使用安全管理职责。

5. 气瓶安全员职责

（1）建立、健全气瓶安全技术档案并办理本单位气瓶使用登记。

（2）组织制定气瓶充装安全操作规程。

（3）组织对气瓶作业人员和技术人员进行教育和培训。

（4）对气瓶进行日常巡检，组织实施气瓶充装前、后检查，纠正和制止违章作业行为。

（5）编制气瓶定期检验计划，督促落实气瓶定期检验和后续整改等工作。

（6）按照规定报告气瓶事故，参加气瓶事故救援，协助进行事故调查和善后处理。

（7）落实本单位气瓶充装质量安全追溯体系的各项功能，逐只扫描出厂气瓶追溯标签，确保气瓶满足可追溯要求。

（8）负责向用气方宣传用气安全须知或者提供用气说明书。

（9）履行市场监督管理部门规定和本单位要求的其他气瓶安全管理职责。

6. 压力管道安全员职责

（1）建立、健全压力管道安全技术档案并办理本单位压力管道使用登记。

（2）组织制定压力管道安全操作规程。

（3）组织对压力管道技术人员进行教育和培训。

（4）组织对压力管道进行日常巡检，纠正和制止违章作业行为。

（5）编制压力管道定期检验计划，督促落实压力管道定期检验和后续整改等工作。

（6）按照规定报告压力管道事故，参加压力管道事故救援，协助进行事故调查和善后处理。

（7）履行市场监督管理部门规定和本单位要求的其他压力管道使用安全管理职责。

7. 锅炉安全员职责

（1）建立、健全锅炉安全技术档案并办理本单位锅炉使用登记。

（2）组织制定锅炉安全操作规程。

（3）组织对锅炉作业人员和技术人员进行教育和培训。

（4）组织对锅炉进行日常巡检，监督检查锅炉作业人员到岗值守、巡回检查等工作情况，纠正和制止违章作业行为。

（5）编制锅炉定期检验计划，组织实施锅炉燃烧器年度检查，督促落实锅炉定期检验和后续整改等工作。

（6）按照规定报告锅炉事故，参加锅炉事故救援，协助进行事故调查和善后处理。

（7）履行市场监督管理部门规定和本单位要求的其他锅炉使用安全管理职责。

四、作业人员安全要求

（一）特种设备作业人员配备

特种设备使用单位应当根据本单位特种设备数量、特性等配备相应持证的特种设备作业人员，并且在使用特种设备时应当保证每班至少有一名持证的作业人员在岗。锅炉司炉、锅炉水处理、气瓶充装、起重机指挥、起重机司机、叉车司机等特种设备作业人员应当取得相应的特种设备作业人员资格证书（图2－1）。

图2－1　特种设备作业人员资格证书

二院主要涉及的特种设备作业人员资格认定分类与项目见表2－1。

表2－1　特种设备作业人员资格认定分类与项目

序号	种　　类	作　业　项　目	项目代号
1	特种设备安全管理	特种设备安全管理	A
2	锅炉作业	工业锅炉司炉	G1
		电站锅炉司炉①	G2
		锅炉水处理	G3
3	压力容器作业	快开门式压力容器操作	R1
		移动式压力容器充装	R2
4	气瓶作业	气瓶充装	P
5	电梯作业	电梯维修②	T
6	起重机作业	起重机指挥	Q1
		起重机司机③	Q2
7	场（厂）内专用机动车辆作业	叉车司机	N1

注：① 资格认定范围为300 MW以下（不含300 MW）的电站锅炉司炉人员，300 MW电站锅炉司炉人员由使用单位按照电力行业规范自行进行技能培训。

② 电梯修理作业项目包括修理和维护保养作业。

③ 可根据报考人员的申请需求进行范围限制，具体明确限制为桥式起重机司机、门式起重机司机、塔式起重机司机、门座式起重机司机、缆索式起重机司机、流动式起重机司机、升降机司机。如“起重机司机（限桥门式起重机）”等。

特种设备作业人员申请资格认定应当满足以下条件：

（1）年龄18周岁以上且不超过60周岁，并且具有完全民事行为能力。

（2）无妨碍从事作业的疾病和生理缺陷，并且满足申请从事的作业项目对身体条件的要求。

（3）具有初中以上学历，并且满足相应申请作业项目要求的文化程度。

（4）符合相应的考试大纲的专项要求。

申请人应当向工作所在地或者户籍所在地的发证机关提交特种设备作业人员资格申请表、照片、身份证明、学历证明、体检报告（相应考试大纲有要求的）

等材料，根据受理结果到发证机关委托的考试机构报名并按时参加考试。

特种设备作业人员应当按时接受复审，复审不合格、证书有效期逾期未申请复审的持证人员，需要继续从事该项目作业活动的，应当重新申请取证。

（二）特种设备作业人员主要职责

特种设备作业人员主要职责如下：

（1）严格执行特种设备有关安全管理制度，并且按照操作规程进行操作。

（2）按照规定填写作业、交接班等记录。

（3）参加安全教育和技能培训。

（4）进行经常性维护保养，对发现的异常情况及时处理，并且作出记录。

（5）作业过程中发现事故隐患或者其他不安全因素时，应当立即采取紧急措施，并且按照规定的程序向特种设备安全管理人员和单位有关负责人报告。

（6）参加应急演练，掌握相应的应急处置技能。

第二节　特种设备的购置、使用和日常管理

一、购置、选用、安装、改造、修理和报废

（一）特种设备购置、选用

国家按照分类监督管理的原则对特种设备生产实行许可制度，特种设备生产单位经负责特种设备安全监督管理的部门许可，取得“中华人民共和国特种设备生产许可证”后方可从事相应许可项目内的生产制造活动，许可证有效期为4年。特种设备使用单位应当购置、使用取得许可的厂家生产并经检验合格的特种设备，禁止使用国家明令淘汰和已经报废的特种设备。购置的特种设备应随附安全技术规范要求的设计文件、产品质量合格证明、安装及使用维护保养说明、监督检验证明等相关技术资料和文件，并在特种设备显著位置设置产品铭牌、安全警示标志及其说明。图2－2所示为特种设备生产许可证及特种设备充装许可证样本。

新购置的特种设备应及时办理使用登记手续。

（二）特种设备的安装、改造、维修

特种设备的安装、改造、维修，必须由取得许可的单位进行。特种设备的安装、改造、维修单位，应当有与特种设备安装、改造、维修相适应的专业技术人员和技术工人以及必要的检测手段，并经省、自治区、直辖市特种设备安全监督管理部门许可，取得“中华人民共和国特种设备生产许可证”方可从事相应许可项目内的作业活动，证书有效期为4年。特种设备生产和充装单位的许可类

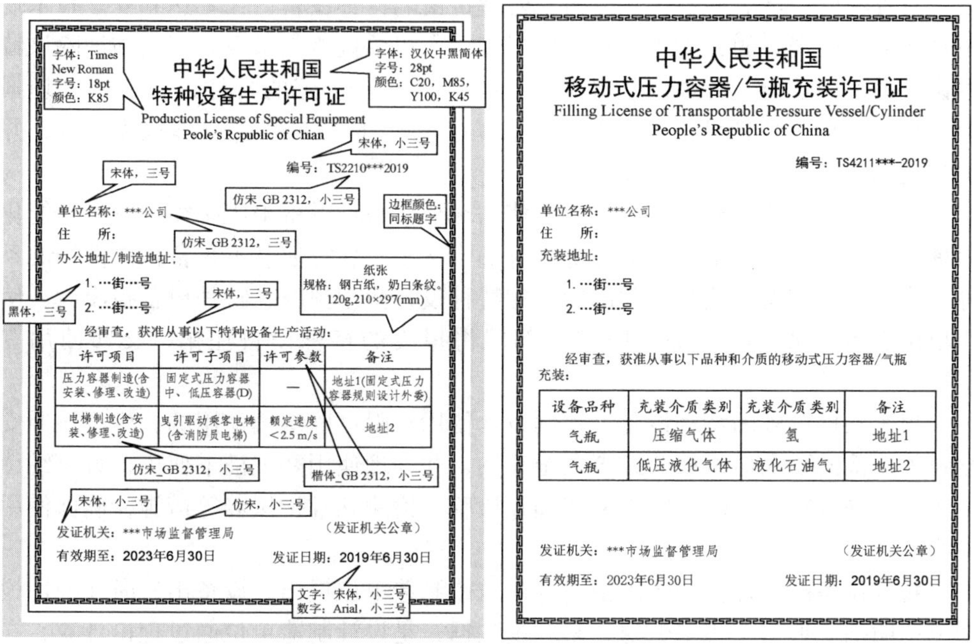

图2－2　特种设备生产许可证及特种设备充装许可证

别、许可项目和子项目、许可参数和级别按照市场监管总局发布的《特种设备生产单位许可目录》执行。使用单位应当对特种设备安装、改造、维修单位的特种设备生产许可证及证书载明的许可范围进行核实确认，确保其在相应许可项目内作业。

特种设备安装、改造、维修的施工单位应当在验收后30日内将有关技术资料移交使用单位。使用单位应当将其存入该特种设备的安全技术档案。

（三）特种设备的报废

特种设备在使用过程中会发生磨损、腐蚀、裂纹等损坏情况，丧失全部或部分功能，影响设备安全使用；特种设备的材料在使用一定周期后，也存在疲劳的情况，继续使用可能引发严重事故。所以，有必要对涉及生命安全的特种设备规定报废的相关要求。

一般来讲，特种设备报废的原因有两种：一种是由于使用年限过长或严重损坏，设备的功能丧失；另一种是产品不合格。以上两种情况都会危及安全使用，可能引发事故，所以要停止使用，予以报废。

对存在严重事故隐患，无改造、修理价值的特种设备，或者达到安全技术规范规定的报废期限的，应当及时予以报废，产权单位应当采取必要措施消除该特种设备的使用功能。特种设备报废时，按台（套）登记的特种设备应当办理报废手续，填写“特种设备停用报废注销登记表”，向登记机关办理报废手续，并且将使用登记证交回登记机关。

为防止报废的特种设备再次流入使用环节，特种设备报废必须进行去功能化处理，如将承压部件割孔、电梯部件拆解、气瓶压扁等使其不具备再次使用的条件。为了使特种设备监督管理部门掌握特种设备使用情况，特种设备报废后，使用单位必须到原特种设备使用登记部门将报废的特种设备注销，交回使用登记证。

报废条件以外的特种设备，达到设计使用年限可以继续使用的，应当按照安全技术规范的要求通过检验或者安全评估，并办理使用登记证书变更，方可继续使用。允许继续使用的，应当采取加强检验、检测和维护保养等措施，确保使用安全。

特种设备的设计使用年限由设计单位或制造单位提出，设备出厂时在使用说明书中明确。但这个年限数值只是理论数据，是设计制造单位通过理论计算，在规定的使用工况和环境下的一个期限值，并非设备实际能够使用的年限，不能作为强制报废的条件。每台（套）特种设备使用工况和环境差异较大，维护保养的情况也不同，有的特种设备虽达到设计使用年限，但仍保持良好安全运行状态，因此，按照节约发展的原则，对达到设计使用年限但没有达到报废条件，并且使用单位希望继续使用的，可以按照安全技术规范的要求履行以下程序，在保障安全使用的前提下继续使用：一是设备需要进行修理、改造的，由具有相应资格的修理、改造单位实施修理、改造后，按照规定经特种设备检验机构监督检验合格；二是设备不需要进行修理、改造的，经检验或者安全评估合格，由使用单位特种设备安全管理负责人同意、主要负责人批准，办理使用登记变更后，方可继续使用。允许继续使用的特种设备，使用单位应当采取加强检验、检测和维护保养等措施，确保特种设备使用安全。

（四）特种设备的停用

特种设备拟停用 1 年以上的，使用单位应当采取有效的保护措施，并且设置停用标志，在停用后 30 日内填写“特种设备停用报废注销登记表”告知登记机关。重新启用时，使用单位应当进行自行检查，到使用登记机关办理启用手续；超过定期检验有效期的，应当按照定期检验的有关要求进行检验。

二、使用登记及变更登记

（一）使用登记

特种设备使用单位应当在特种设备投入使用前或者投入使用后30日内，向负责特种设备安全监督管理的部门办理使用登记，取得使用登记证书。登记标志应当置于该特种设备的显著位置。

特种设备目录范围内的锅炉、压力容器（气瓶除外）、电梯、起重机械和场（厂）内专用机动车辆应当按台（套）向登记机关办理使用登记。气瓶（车用气瓶除外）、工业管道应当以使用单位为对象向登记机关办理"特种设备使用登记证"（图2－3）。

特种设备使用登记证

编号：

按照《中华人民共和国特种设备安全法》的规定，依据特种设备安全技术规范要求，予以使用登记。

使用单位名称：

设备使用地点：

设 备 种 类：　　　设 备 类 别：

设 备 品 种：　　　单位内编号：

设 备 代 码：　　　产 品 编 号：

登记机关：

发证日期：　年　月　日

依据安全技术规范的要求，应当在定期检验确定的有效期和技术参数范围内使用。

图2－3　特种设备使用登记证

特种设备进行登记时，使用单位要按照安全技术规范的要求，向登记机关提交使用登记表、含有使用单位统一社会信用代码的证明、特种设备产品合格证

(含产品数据表)、特种设备监督检验证明(安全技术规范要求进行使用前首次检验的特种设备,应当提交使用前的首次检验报告)、锅炉能效证明文件等。

以下锅炉、压力容器不需要办理特种设备使用登记,但使用单位应当参照有关安全技术规范中使用管理的相应规定实施安全管理。

(1) D级锅炉。

(2) 深冷装置中非独立的压力容器、直燃型吸收式制冷装置中的压力容器、铝制板翅式热交换器、过程装置中冷箱内的压力容器。

(3) 盛装第二组介质的无壳体的套管热交换器。

(4) 超高压管式反应器。

(5) 移动式空气压缩机的储气罐。

(6) 水力自动补气气压给水(无塔上水)装置中的气压罐,消防装置中的气体或者气压给水(泡沫)压力罐。

(7) 水处理设备中的离子交换或者过滤用压力容器、热水锅炉用膨胀水箱。

(8) 蓄能器承压壳体。

(9) 简单压力容器。

(10) 消防灭火用气瓶、呼吸器用气瓶、非重复充装气瓶。

(二) 变更登记

按台(套)登记的特种设备改造、移装、变更使用单位或者使用单位更名、达到设计使用年限继续使用的,按单位登记的特种设备变更使用单位或者使用单位更名的,相关单位应当向登记机关申请变更登记。

1. 改造变更

特种设备改造完成后,使用单位应当在投入使用前或者投入使用后30日内向登记机关提交原使用登记证、重新填写的使用登记表、改造质量证明资料以及改造监督检验证书(需要监督检验的),申请变更登记,领取新的使用登记证。登记机关应当在原使用登记证和原使用登记表上作注销标记。

2. 移装变更

在登记机关行政区域内移装的特种设备,使用单位应当在投入使用前向登记机关提交原使用登记证、重新填写的使用登记表和移装后的检验报告(拆卸移装的),申请变更登记,领取新的使用登记证。登记机关应当在原使用登记证和原使用登记表上作注销标记。

跨登记机关行政区域移装特种设备的,使用单位应当持原使用登记证和使用登记表向原登记机关申请办理注销。原登记机关应当注销使用登记证,并且在原使用登记证和原使用登记表上作注销标记,向使用单位签发“特种设备使用登记证变更证明”。移装完成后，使用单位应当在投入使用前，持“特种设备使用登记证变更证明”、标有注销标记的原使用登记表和移装后的检验报告（拆卸移装的）向移装地登记机关重新申请使用登记。

3. 单位变更

特种设备需要变更使用单位，原使用单位应当持原使用登记证、使用登记表和有效期内的定期检验报告到登记机关办理变更；或者产权单位凭产权证明文件，持原使用登记证、使用登记表和有效期内的定期检验报告到登记机关办理变更；登记机关应当在原使用登记证和原使用登记表上作注销标记，签发“特种设备使用登记变更证明”。

新使用单位应当在投入使用前或者投入使用后30日内，持特种设备使用登记证变更证明、标有注销标记的原使用登记表和有效期内的定期检验报告，按照《特种设备使用管理规则》使用登记程序和资料与信息的要求重新办理使用登记。

4. 更名变更

使用单位或者产权单位名称变更时，使用单位或者产权单位应当持原使用登记证、单位名称变更的证明资料，重新填写使用登记表，到登记机关办理更名变更，换领新的使用登记证。2台以上批量变更的，可以简化处理。登记机关在原使用登记证和原使用登记表上做注销标记。

5. 达到设计使用年限继续使用的变更

对达到设计使用年限继续使用的特种设备，使用单位应当持原使用登记证、按照《特种设备使用管理规则》关于达到设计使用年限的特种设备的规定办理的相关证明材料，到登记机关申请变更登记。登记机关应当在原使用登记证右上方标注“超设计使用年限”字样。

6. 不得办理移装变更、单位变更的情况

有下列情形之一的特种设备，不得申请办理移装变更、单位变更：

（1）已经报废或者国家明令淘汰的。

（2）进行过非法改造、修理的。

（3）无特种设备设计、制造技术资料和文件，无特种设备安装、改造和修理记录资料的。

（4）达到设计使用年限的。

（5）检验结论为不合格或者能效测试结果不满足法规、标准要求的。

三、使用标志与安全警示

特种设备（车用气瓶除外）使用登记标志与定期检验标志合二为一，统一为“特种设备使用标志”（图2－4）。特种设备使用单位应当将使用登记证明文件置于设备的显著位置，包括设备本体、附近或者操作间，如可置于锅炉房内墙上或者操作间内，可置于电梯轿厢内。也可将登记编号置于显著位置，如压力容器本体铭牌上留有标贴使用登记证编号的位置。

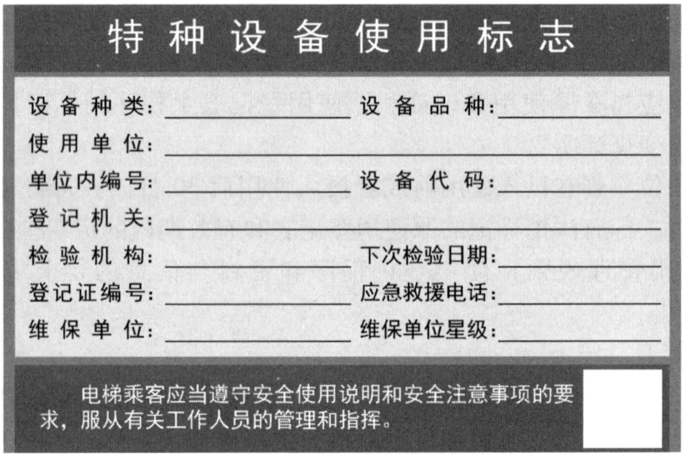

图2－4　特种设备使用标志

电梯使用单位应当将安全使用说明、安全注意事项和安全警示标志置于易于引起乘客注意的位置。其他特种设备应当根据设备特点和使用环境、场所，设置安全使用说明、安全注意事项和安全警示标志。

四、安全管理制度、操作规程

（一）特种设备安全管理制度

特种设备使用单位应当按照特种设备相关法律、法规、规章和安全技术规范的要求，建立健全特种设备使用安全管理制度。

管理制度至少包括以下内容：

（1）特种设备安全管理机构（需要设置时）和相关人员岗位职责。

（2）特种设备经常性维护保养、定期自行检查和有关记录制度。

（3）特种设备使用登记，定期检验、锅炉能效测试申请实施管理制度。

（4）特种设备隐患排查治理制度。

（5）特种设备安全管理人员与作业人员管理和培训制度。

（6）特种设备采购、安装、改造、修理、报废等管理制度。

（7）特种设备应急救援管理制度。

（8）特种设备事故报告和处理制度。

（二）特种设备操作规程

使用单位应当根据所使用设备运行特点等，制定操作规程。操作规程一般包括设备运行参数、操作程序和方法、维护保养要求、安全注意事项、巡回检查和异常情况处置规定，以及相应记录等。

特种设备使用安全管理人员和操作人员在操作这些特种设备时必须遵行这些文件或程序。建立特种设备操作规程，严格按照规程实施作业，是保证特种设备安全使用的一种具体实施措施。

五、安全技术档案

特种设备使用单位应当逐台建立特种设备安全技术档案。安全技术档案至少包括以下内容：

（1）使用登记证。

（2）特种设备使用登记表。

（3）特种设备设计、制造技术资料和文件，包括设计文件、产品质量合格证明（含合格证及其数据表、质量证明书）、安装及使用维护保养说明、监督检验证书、型式试验证书等。

（4）特种设备安装、改造和修理的方案、图样、材料质量证明书和施工质量证明文件、安装改造修理监督检验报告、验收报告等技术资料。

（5）特种设备定期自行检查记录（报告）和定期检验报告。

（6）特种设备日常使用状况记录。

（7）特种设备及其附属仪器仪表维护保养记录。

（8）特种设备安全附件和安全保护装置校验、检修、更换记录和有关报告。

（9）特种设备运行故障和事故记录及事故处理报告。

使用单位应当在设备使用地保存上述档案中（1）、（2）、（5）、（6）、（7）、（8）、（9）规定的资料的原件或者复印件，以便备查。

特种设备使用单位建立特种设备技术档案，是特种设备管理的一项重要内容。由于设备在使用过程中，会因各种因素产生缺陷，需要不断地维护、保养、修理，定期进行检验，部分特种设备还需要进行能效状况评估，有的可能还会进行改造。这些都要依据特种设备的设计、制造、安装等原始文件资料和使用过程中的历次改造、修理、检验、自行检测等过程文件资料。特种设备安全技术档案也是建立一种设备“身份证”制度的主要内容。完整详细的技术档案不仅可以让使用单位准确掌握该特种设备的性能、运行特点、应注意的情况，而且一旦在哪个环节出现故障或发生事故，也可以比较准确地查清原因，有针对性地改进工作，充分发挥特种设备安全技术档案的作用。

六、维护保养与检查

（一）经常性维护保养

使用单位应当根据设备特点和使用状况对特种设备进行经常性维护保养，维护保养应当符合有关安全技术规范和产品使用维护保养说明的要求。对发现的异常情况及时处理，并且作出记录，保证在用特种设备始终处于正常使用状态。

法律对维护保养单位有专门资质要求的，使用单位应当选择具有相应资质的单位实施维护保养。鼓励其他特种设备使用单位选择具有相应能力的专业化、社会化维护保养单位进行维护保养。

（二）定期自行检查

为保证特种设备的安全运行，特种设备使用单位应当根据所使用特种设备的类别、品种和特性进行定期自行检查。

定期自行检查的时间、内容和要求应当符合有关安全技术规范的规定及产品使用维护保养说明的要求。

锅炉以及以水为介质产生蒸汽的压力容器的使用单位，应当做好锅炉水（介）质、压力容器水质的处理和监测工作，保证水（介）质质量符合相关要求。

七、定期检验

特种设备使用单位应当按照安全技术规范的定期检验要求，在安全检验合格有效期届满前 1 个月向特种设备检验检测机构提出定期检验要求。

检验检测机构接到定期检验要求后，应当按照安全技术规范的要求及时进行安全性能检验和能效测试。未经定期检验或者检验不合格的特种设备，不得继续使用。

做好在用特种设备的定期检验工作，是特种设备安全监督管理的一项重要制度，是确保安全使用的必要手段。特种设备在使用过程中，受环境、工况等因素的影响，因为腐蚀、疲劳、磨损，随着使用时间产生一些新的问题，或原来允许存在的问题逐步扩大，如裂纹、腐蚀等缺陷，安全附件和安全保护装置失效等问题，产生事故隐患，会直接导致事故或者增加发生事故的概率。在使用单位自行检查、检测和维护保养的基础上，通过定期检验及时发现特种设备的缺陷和存在的问题，有针对性地采取相应措施，消除隐患，使特种设备在具备规定安全性能的状态下，能够在规定周期内，将发生事故的概率控制在可以接受的范围内，保障特种设备能够运行至下一个周期。

根据特种设备本身机构和使用情况，在有关检验的安全技术规范中，规定了特种设备的检验周期。二院常用特种设备及其安全附件的检验周期见表2－2。经过检验，将其下次检验日期在检验报告或检验合格证明中注明。

表2－2　二院常用特种设备及其安全附件检验周期表

序号	设备名称			检验周期
1	电梯			每年进行1次定期检验
2	起重机械			轻小型起重设备、桥式起重机、门式起重机、门座起重机、缆索起重机、桅杆起重机、铁路起重机、旋臂起重机、机械式停车设备每2年1次，其中吊运熔融金属和炽热金属的起重机每年1次；塔式起重机、升降机、流动式起重机每年1次，其中轮胎式集装箱门式起重机每2年1次
				在用起重机械至少每月进行一次日常维护保养和自行检查，每年进行一次全面检查
3	场（厂）内专用机动车辆			定期检验周期为1年
4	压力容器	固定式	年度检查	每年至少1次
			全面检验	一般应当于投用后3年内进行首次全面检验。下次的定期检验周期，由检验机构根据压力容器的安全状况等级确定。①安全状况等级为1级、2级的，一般每6年一次；②安全状况等级为3级的，一般3～6年一次；③安全状况等级为4级的，其检验周期由检验机构确定；④安全状况等级为5级的，应当对缺陷进行处理，否则不得继续使用
			耐压试验	每两次全面检验期间内至少进行1次
		气瓶		盛装腐蚀性气体的气瓶，每2年检验一次
				盛装一般气体的气瓶，每3年检验一次
				盛装惰性气体的气瓶，每5年检验一次
				低温绝热气瓶，每3年检验一次
5	压力管道	公用管道	年度检验	至少每年1次，进行全面检验的年度可不进行年度检验
			全面检验	GB1－Ⅲ级次高压燃气管道全面检验周期一般不超过8年；GB1－Ⅳ级次高压燃气管道、中压燃气管道、GB2级管道全面检验周期一般不超过12年；以PE管或铸铁为管道材料的管道全面检验周期不超过15年

表 2-2（续）

序号	设备名称		检验周期	
5	压力管道	工业管道	在线检验	每年至少检验一次
			全面检验	首检周期不超过 3 年；安全状况等级为 1 级和 2 级的，检验周期一般不超过 6 年；安全状况等级为 3 级的，检验周期一般不超过 3 年；安全状况等级为 4 级的，应判废
				GC1 级、GC2 级压力管道的全面检验周期一般不超过 6 年；按照基于风险检验（RBI）的结果确定的检验周期，一般不超过 9 年；GC3 级管道的全面检验周期一般不超过 9 年
6	锅炉		外部检验	每年检验一次
			内部检验	每 2 年检验一次
			超水压试验	每 6 年检验一次
7	安全附件及安全保护装置	安全阀	每年至少校验一次	
		压力表	每年至少检验一次	
		爆破片	每年至少检验一次	
		限速器	每 2 年进行限速器动作速度校验一次	
		防坠安全器	每 2 年应进行安全器动作速度检验一次	
		液位计	每年至少检验一次	

第三节　应急预案与事故处理

一、应急预案

根据《特种设备使用管理规则》要求设置特种设备安全管理机构和配备专职安全管理员的特种设备使用单位，应当制定特种设备事故应急专项预案，每年至少演练一次，并且作出记录；其他使用单位可以在综合应急预案中编制特种设备事故应急的内容，适时开展特种设备事故应急演练，并且作出记录。

二、事故处置

使用单位应当按照隐患排查治理制度进行隐患排查，发现事故隐患应当及时消除，等隐患消除后，方可继续使用。

特种设备在使用中发现异常情况的，作业人员或者维护保养人员应当立即采取应急措施，并且按照规定的程序向使用单位特种设备安全管理人员和单位有关负责人报告。使用单位应当对出现故障或者发生异常情况的特种设备及时进行全面检查，查明故障和异常情况原因，并且及时采取有效措施，必要时停止运行，安排检验、检测，不得带病运行、冒险作业，待故障、异常情况消除后，方可继续使用。

发生特种设备事故，事故发生单位应当根据应急预案，立即采取应急措施，组织抢救，防止事故扩大，减少人员伤亡和财产损失，履行保护事故现场和有关证据的义务；并且按照《特种设备事故报告和调查处理规定》的要求，向特种设备安全监管部门和有关部门报告，同时配合事故调查和做好善后处理工作。

事故报告应当包含以下内容：

（1）事故发生的时间、地点、单位概况以及特种设备种类。

（2）事故发生初步情况，包括事故简要经过、现场破坏情况、已经造成或者可能造成的伤亡和涉险人数、初步估计的直接经济损失、初步确定的事故等级、初步判断的事故原因。

（3）已经采取的措施。

（4）报告人姓名、联系电话。

（5）其他有必要报告的情况。

报告事故后出现新情况以及对事故情况尚未报告清楚的，应当及时逐级续报。续报内容应当包括事故发生单位详细情况、事故详细经过、设备失效形式和损坏程度、事故伤亡或者涉险人数变化情况、直接经济损失、防止发生次生灾害的应急处置措施和其他有必要报告的情况等。

发生自然灾害危及特种设备安全时，使用单位应当立即疏散、撤离有关人员，采取防止危害扩大的必要措施，同时向特种设备安全监管部门和有关部门报告。

小结

本章主要介绍了特种设备使用单位、管理机构和作业人员的职责和要求，介绍了特种设备购置、使用、报废等全寿命周期的安全管理要求，以及特种设备应急管理相关要求，使学员了解特种设备安全管理的基本知识。

思考与讨论

1. 特种设备管理人员的安全职责是什么?
2. 特种设备使用日常管理要求主要有哪些?
3. 简述常见特种设备定期检验周期。

第三章　电梯安全技术

第一节　电梯基本知识

电梯是一种特殊的垂直运输机械，由于开电梯需要频繁启动、制动、升降，所以对电梯的各个部件都要求绝对安全可靠。尤其是对电梯重要部位的机械强度和可靠性要求特别高，同时还要采取各种机械的、电气的安全保护措施，以确保设备、司乘人员的安全。

一、电梯的工作特点

（1）垂直运行。电梯主要用于在建筑物内垂直方向的运输，能够便捷地将乘客或货物从一层运送至另一层。通过电梯可以快速、方便地到达目标楼层，节省了大量的人力和时间成本。

（2）高度安全要求。由于电梯运行涉及人员的安全，所以电梯具有较高的安全要求。电梯必须经过专业维护和定期检查，确保电梯的各种安全装置和保护设备的正常工作，以防止事故的发生。

（3）多种运行模式。电梯具有多种运行模式，包括手动和自动操作模式。自动模式下，乘客只需要选择目标楼层，电梯会自动运行到目的地并开门；手动模式下，乘客需要按下按钮选择楼层，并在途中手动控制开关门等操作。

（4）使用寿命长。正常情况下，相关部件和组件进行组合和安装形成完整的电梯后投放市场。电梯的使用寿命通常较长，通过定期的保养和维护，电梯可以安全可靠地工作数十年之久。

二、电梯的分类

电梯的分类方法很多，按照特种设备目录划分，电梯的分类情况见表3－1。

表3－1　特种设备目录电梯部分节选

代　码	类　别	品　种
3100	曳引与强制驱动电梯	
3110		曳引驱动乘客电梯

表3-1（续）

代　码	类　　别	品　　种
3120		曳引驱动载货电梯
3130		强制驱动载货电梯
3200	液压驱动电梯	
3210		液压乘客电梯
3220		液压载货电梯
3300	自动扶梯与自动人行道	
3310		自动扶梯
3320		自动人行道
3400	其他类型电梯	
3410		防爆电梯
3420		消防员电梯
3430		杂物电梯

二院目前涉及的电梯种类主要有曳引驱动乘客电梯、曳引驱动载货电梯、强制驱动载货电梯、液压载货电梯和杂物电梯，其中以曳引驱动的电梯占比最大。几种常见电梯外观如图3-1所示。

(a) 曳引驱动乘客电梯

(b) 载货电梯
(曳引驱动/强制驱动/液压电梯)

(c) 杂物电梯

图 3－1　几种常见电梯

第二节　电梯安全保护装置

不同规格型号的电梯，其部件组成情况也不相同。二院生产作业场所使用的电梯以曳引驱动为主，故本章节以曳引驱动电梯为例进行详细介绍。

曳引驱动电梯的基本构造包括八大系统：曳引系统、导向系统、轿厢系统、门系统、重量平衡系统、驱动系统、控制系统和安全保护系统。曳引驱动电梯的基本构造如图 3－2 所示。

一、限速器和安全钳联动保护装置

限速器和安全钳组合在一起称为限速装置。安全钳楔块由连杆、拉杆、弹簧等传动机构与轿厢上限速器钢丝绳连接。由于机械或电气原因而出现故障，当轿厢超过额定速度的 115% 运行处于危险状态时，限速器就发生动作。首先通过限速器上的电气开关切断运行电路使电梯失去动力，同时限速器的卡块卡住限速轮。这时，连接限速器钢丝绳的拉杆被上提，连杆系统通过拉杆带动安全钳楔块动作，楔进安全钳钳体与导轨之间，使轿厢急停，安全钳通过连杆机构上的电气开关切断控制电路电源，完全停止轿厢运动。限速器和安全钳外观和动作原理如图 3－3、图 3－4 所示。

二、缓冲装置

缓冲装置是指位于底坑的各种缓冲器，用于控制失灵、曳引力不足或制动器失灵等发生轿厢或对重蹲底时，吸收轿厢或对重的动能，使运动物体的动能转化为一种无害的或安全的能量形式，避免刚性撞击，是电梯安全运行的最后一道保

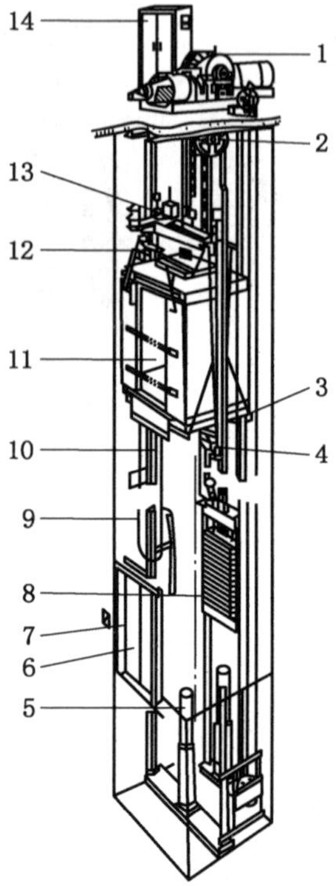

1—曳引机；2—导向滑轮；3—超载装置；4—安全钳；5—缓冲器；6—厅门；7—厅门套框；8—对重；9—轿厢电缆；10—导航；11—轿厢；12—自动门机构；13—轿厢导轮；14—电气控制柜

图3－2　曳引驱动电梯的基本构造

(a) 限速器

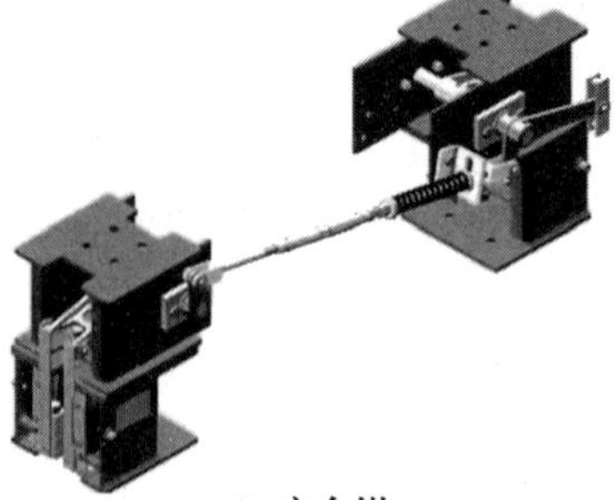

(b) 安全钳

图3－3　限速器和安全钳外观

护装置，以保证人员和电梯设备的安全。一般轿厢装两个缓冲器，对重装一个缓冲器。额定速度 $v \leq 1$ m/s 的电梯一般采用弹簧缓冲器，额定速度 $v > 1$ m/s 的电梯采用液压缓冲器。缓冲器外观如图 3－5 所示。

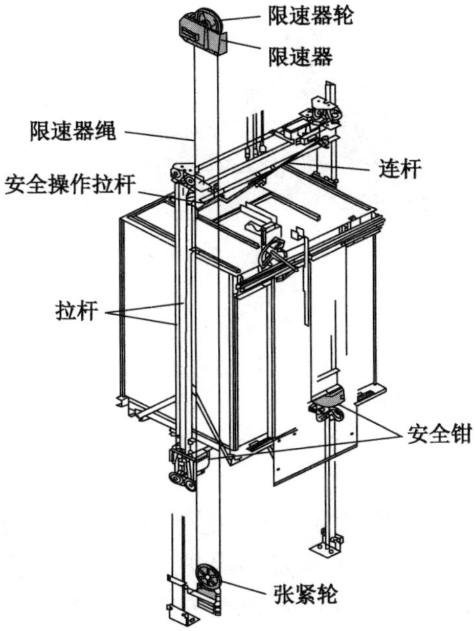

图 3－4　限速器安全钳动作原理图

图 3－5　缓冲器

三、终端限位保护装置

电梯设有终端限位的保护装置。一般终端限位保护装置由终端电气保护装置和机械缓冲装置两部分组成。终端电气保护装置有上、下强迫减速开关和上、下限位开关，极限开关。终端电气保护装置如图 3－6 所示。

当轿厢运行到上端站或下端站进入减速位置时，轿厢上的撞弓应先碰到强迫减速开关，这时电梯不能再做快速运行；当电梯到达端站时，电梯撞弓碰到上、下限位开关，同方向上电梯就不能再慢速运行；当电梯到达端站时，如果前面说的装置失效，电梯运行将碰到极限开关，任何方向上电梯都不能再继续运行。相关规范要求电梯应设置极限开关，并尽可能接近端站时起作用而无误动作危险的位置上。速度较高的电梯一般都有上、下强迫减速开关和上、下限位开关。

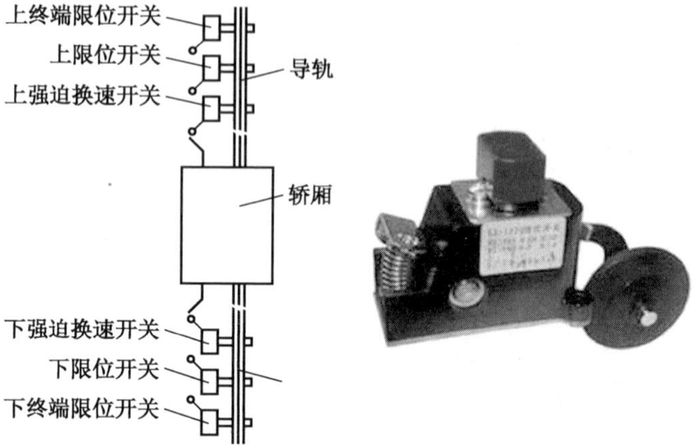

图3－6　终端电气保护装置

四、层门安全保护装置

电梯层门是乘客或货物的出入口，是电梯的安全部件，电梯层门不仅具有开关门的功能，同时还有安全保护功能。层门上设有锁闭装置、紧急开锁装置等安全保护装置。电梯层门外观如图3－7所示。

图3－7　电梯层门外观示例图

（一）层门锁闭装置

电梯正常运行时，除非轿厢在该层门的开锁区域，否则不能打开层门，电梯每层层门必须可靠闭合，并且锁钩达到规定的啮合深度，电气触点全部接通，电梯才能正常运行（此处不涉及具有提前开门功能的平层和再平层运行）。

（二）紧急开锁装置

层门的打开方式通常有两种，第一种情况是在电梯正常运行，停靠在层站平层位置，由轿门门机联动层门将门打开；第二种情况就是在检修、救援等特定情况下，由专业人员使用专门的钥匙打开层门，该装置称为紧急开锁装置。

五、其他安全保护装置

（一）超载限制装置

超载限制装置的功能是防止轿厢超载运行，一般电梯超载时能发出声光信号，载重量达到110%时，切断电梯控制电路，使电梯停止运行。对于集选控制电梯，当载重达到额定载重量的80%～90%时，还能接通直驶电路，运行中电梯不应答厅外信号。电梯的超载限制装置可以安装在轿厢底部、轿厢顶部和机房中。根据工作原理一般分为机械式和电气式的超载限制装置。超载限制装置外观如图3－8所示。

(a) 活动轿厢地板超载装置　　(b) 轿顶超载装置

图3－8　超载限制装置外观

（二）电气安全装置

电气安全装置是电梯安全保护系统中一个很重要的装置，国家相关标准中对电气安全装置的形式和特点已经做了详细的规定和要求（如强制断开、足够的电气间隙等），如果电气安全装置完全按照标准的要求，其可能失效的概率已经被降至可以忽略的程度，即认为符合标准规定的电气安全装置是不会失效的。电气安全装置分为安全触点、安全电路和可编程电子安全相关系统三种形式。为了保证电梯运行安全，电梯许多部位应按照《电梯制造与安装安全规范》[GB 7588—2003（XG1—2015）]的要求，设置电气安全装置。

（三）电梯安全监控系统

电梯安全监控系统通过采集的信号通信，可以实现远程数据监控和操作调试、故障的早期预告及排除、故障报警信息记录及统计、远程故障诊断及处理、紧急救援和支援配合，以及对电梯运行状态进行统计与分析等功能。

第三节　电梯安全管理和使用

一、一般安全管理要求

（一）使用单位

（1）使用单位应当根据电梯的特点和使用状况进行经常性维护保养。维护保养应当符合有关安全技术规范和产品使用维护保养说明的要求。

（2）使用单位应当选择具有相应资质的单位实施维护保养。

（3）为保障电梯的安全运行，电梯使用单位应当根据所使用电梯的类别、品种和特性进行定期自行检查。定期自行检查的时间、内容和要求应当符合有关安全技术规范的规定及产品使用维护保养说明的要求。

（4）电梯使用单位应当按照隐患排查治理制度进行隐患排查，发现事故隐患应当及时消除，待隐具消除后，方可继续使用。

（5）使用单位应当对出现故障或者发生异常情况的特种设备及时进行全面检查，查明故障和异常情况原因，并且及时采取有效措施，必要时停止运行，安排检验、检测，不得“带病”运行、冒险作业，待故障、异常情况消除后，方可继续使用。

（6）使用单位应当在轿厢显著位置张贴特种设备使用标志，确保使用日期在标志中下次检验日期范围内。

（7）使用单位应在轿厢显著位置张贴安全使用说明、安全注意事项和安全警示标志，在电梯入口明显位置张贴“火警时请勿使用电梯”字样。部分电梯警示标志如图 3 –9 所示。

（8）使用单位应确保通往机房的通道畅通，机房门完好且门外侧应当标明“电梯机器危险，未经允许禁止入内”警示标志。

（二）维护保养单位

（1）按照有关规定以及电梯产品安装使用维保说明书的要求，制定维保计划与方案。

（2）按照维保计划与方案实施电梯维保，维保期间落实现场安全防护措施，保证施工安全。

（3）设立 24 小时维保值班电话，保证接到故障通知后及时排除；接到电梯困人故障报告后，维保人员及时抵达所维保电梯所在地实施现场救援，直辖市或者设区的市抵达时间不超过 30 min，其他地区一般不超过 1 h。

（4）对电梯发生的故障等情况，及时进行详细的记录。

（5）建立每台电梯的维保记录，及时归入电梯安全技术档案，并且至少保

图3-9 电梯安全警示标志

存4年。

（6）协助电梯使用单位制定电梯安全管理制度和应急救援预案。

（7）对承担维保人员进行安全教育与培训，组织维保人员取得“特种设备作业人员证”，培训和考核记录存档备查。

（8）每年度至少进行一次自行检查，自行检查在特种设备检验机构进行定期检验之前进行，自行检查项目及其内容根据使用状况确定，但是不少于年度维保和电梯定期检验规定的项目及其内容，并且向使用单位出具有自行检查和审核人员的签字、加盖维保单位公章或者其他专用章的自行检查记录或者报告。

（9）安排维保人员配合特种设备检验机构进行电梯的定期检验。

（10）在维保过程中，发现事故隐患及时告知电梯使用单位；发现严重事故隐患，及时向当地特种设备安全监督管理部门报告。

（三）电梯机房

根据曳引驱动装置的安装位置，电梯可分为有机房电梯和无机房电梯。电梯机房通常设置于电梯井道最上方的独立空间。机房内安装着电梯的动力系统、电力系统、控制系统。主要涉及的电梯关键部件有曳引机、控制柜、主电源箱、限速器装置等设备。无机房电梯是将曳引机、限速器、控制柜等设备安装在电梯井道顶部或井道侧部。有无机房电梯对比如图3－10所示。

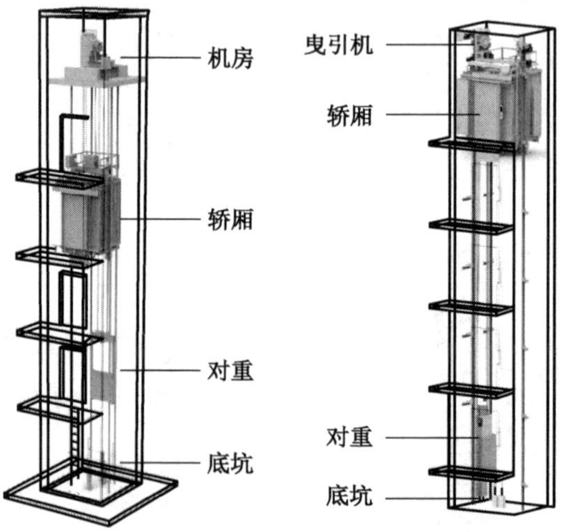

图3－10　无机房电梯对比图

（1）机房环境应清理干净，机房门窗应防风雨，并标有“机房重地，闲人免进”字样，通向机房的通道应畅通、安全，机房内不应有与电梯无关的其他设备。

（2）机房电源板及电源开关应符合规范要求，安装位置合理牢固，标记完善，机房线槽敷设应合理规范。

（3）动力线与控制线隔离敷设，拐角处加衬垫。

（4）机房通风良好，机房环境温度应保持在 5 ~ 40 ℃，机房应设有固定式电气照明，地板表面上的照明度不小于 200 LX。

（5）机房内应有紧急救援装置及其说明书。

（6）电梯井道与机房间的孔洞、引机绳平层标记、电梯运行方向标记等应符合规范要求。

（7）机房控制柜安装正确，控制柜内走线合理、美观。

（8）机房内应有必需的消防设备，保持电梯机房清洁，严禁存放易燃物品。

（9）机房应按《建筑设计防火规范》[GB 50016—2014（2018 年版）] 要求配备灭火器。

（四）电梯专用钥匙

电梯专用钥匙有层门三角钥匙、操纵盘钥匙和机房钥匙。

（1）专用钥匙必须由持证的人员使用，其他人员不得使用。

（2）使用的三角钥匙上必须附有安全警示牌或在三角锁孔的周边贴有警示牌。

（3）持证的电梯安全管理人员负责收集管理三角钥匙，人员出现变动应做好交接。

（4）严禁任何人把三角钥匙交给无关人员使用。

二、电梯的维护保养

（一）维保安全操作要求

（1）维修保养人员到达维修场所后，应通知电梯使用单位，并在电梯上和电梯入口处挂贴必要的“电梯检修”警告牌。

（2）当对电梯进行任何调整或工作时，保证外人离开电梯，保证轿厢内无人，并关闭轿厢门。

（3）在维护保养时，戴好安全帽。当工作场地离地高度超过 1.2 m，有坠落危险时，必须系好安全带，并扣绑好。

（4）当在转动的任何部件上进行清洁、注油或加润滑脂工作时，必须令电梯停驶并锁闭。

（5）按照一般原则，应从顶层端进入轿厢顶部。

（6）当维保人员攀登轿厢顶部，应在电梯操作处挂贴“人在轿厢顶部工作”或“正在检查工作”标牌。

（7）当在转动的机械部件附近工作时，禁止戴手套。

（8）当在电路上进行工作时，必须穿着绝缘胶鞋或站立在干燥木板上。

（9）禁止在井道内吸烟和使用明火。

（10）当钻、凿、磨、切割、浇注马氏合金和焊接时，或用化学品或溶剂时，都必须戴好护目镜。

（11）只有当轿厢停驶时，才可检查钢丝绳。

（12）严禁在对重运行范围内进行维护检修工作（不论在底坑或轿顶有无防护栅栏），当必须在该处工作时，应有专人负责看管轿厢停止运行开关。

（13）维修完毕后，做好记录，并向电梯主管部门汇报维修情况。如果电梯恢复行驶，应把全部的“维修、暂修”标牌和锁拆除。

（14）维护人员对每台电梯应设立维修档案卡。内容有检查地点、时间等，如果对某些机械零部件或电气元器件进行调整，则要记录调整原因和情况。

（15）当电梯发生故障而修理时，要记录发生故障时的负载情况、轿厢位置、发生故障的经过时间、因故障而造成的停止运行时间、有无人员受伤害、故障原因、修理情况等。

（二）维保周期及内容

电梯的维保周期分为半月、季度、半年、年度四类，维保单位应当依据《特种设备安全技术规范》（TSG T5002）中关于不同周期维保的基本内容和要求，按照电梯安装使用维护说明书的规定开展维护保养工作。根据所保养电梯使用的特点，制定合理的维保计划与方案，对电梯进行清洁、润滑、检查、调整，更换不符合要求的易损件，使电梯达到安全要求，保证电梯能够正常运行。

现场维保时，如果发现电梯存在的问题需要通过增加维保内容予以解决的，维保单位应当相应增加并且及时修订维保计划与方案。

当通过维保或者自行检查，发现电梯仅依据合同规定的维保内容已经不能保证安全运行，需要改造、修理（包括更换零部件）、更新电梯时，维保单位应当书面告知使用单位。

三、电梯的安全检查

（一）日管控检查

电梯安全管理人员按照相关要求落实特种设备安全风险日管控相关工作，进行每日安全检查，管控各个环节可能存在的特种设备安全风险隐患，并将检查结果汇总记录，及时上报特种设备安全总监或单位主要负责人。

对于日管控检查中发现的电梯安全风险隐患问题，明确责任人，及时反馈特种设备安全总监立即采取防范措施。对于现场能立即整改的应立即整改；对于不能现场立即整改的，应明确整改期限，在后续日管控检查中跟踪验证整改落实情况。日管控检查内容包括但不限于以下内容：

（1）层门开关按钮是否灵活可靠、无卡滞，三角钥匙孔有无堵塞。

（2）层门召唤器及楼层显示器是否正常。

（3）轿门防撞击保护装置功能是否有效（安全触板，光幕、光电等）。

（4）轿厢内张贴的特种设备使用标志是否有效，安全使用说明、安全注意事项和安全警示标志状态是否完好，如被损坏，应当立即加贴。

（5）轿厢内报警装置、对讲系统和换气扇是否正常工作，如有故障应立即报修维保单位修理。

（6）轿厢内楼层按钮是否有效、显示正确，控制面板是否松动、螺栓缺失。

（7）是否光线明亮，照明、应急系统是否正常，无灯泡缺损。

（8）电梯运行是否正常，如在轿厢内感到异常抖动和响声应立即报维保单位。

（9）电梯紧急操作装置是否完整有效。

（10）电梯机房门锁是否保持正常有效。

（11）机房内驱动主机运行是否正常，如有异常响声、主机漏油应当立即报维保单位修理。

（12）机房内控制系统线路是否整齐规范，箱柜内无灰尘、插件无松动。

（13）机房内限速器安全销是否正常，铅封是否正常。

（14）机房内是否张贴机房管理制度、应急救援程序等。

（15）机房卫生是否正常，是否有违禁物品和杂物，如有问题应当立即解决。

（16）机房空调是否正常，如有故障应立即排除。

（17）机房安全通道是否正常，如被阻塞应当立即排除。

（二）周排查检查

特种设备安全总监每周至少组织 1 次风险隐患排查，全面排查电梯使用过程各环节可能存在的安全风险隐患。排查可以结合日管控情况、现场自查情况、其他各渠道收集的电梯安全信息等，分析电梯安全管理情况，检讨日管控中存在的问题，对于频繁发生或者存在较高安全风险的问题，制定相应的纠正预防措施，督促相关人员落实整改并进行跟踪验证整改结果。

针对周排查情况，完成《每周电梯安全排查治理报告》，并及时报至特种设备安全总监及相关责任负责人，使其知晓存在的安全风险，督促相关责任人采取相应的管控措施，确保特种设备安全风险可控。

对周排查出的风险隐患，如能在短期完成治理整改的，应立即采取措施进行治理排除；对情况复杂、短期内难以治理排除的，要制订整改方案和应对预案，落实治理整改措施、整改效果、责任人和期限等，防范突发事件的发生。周排查检查内容包括但不限于以下内容：

（1）检查具有相应职责资质人员的持证情况，加强资格证的换证管理。

（2）是否按规定对安全管理人员和作业人员开展安全教育培训。

（3）是否建立电梯使用安全管理制度、电梯安全管理机构和相关人员岗位职责，如《电梯安全风险管控清单》《电梯安全总监职责》《电梯安全管理员守则》《电梯安全日管控、周排查、月调度管理制度》等。

（4）是否建立使用管理制度和规程，明确相关内容及安全管理要求；是否按规定办理使用登记、变更登记及停用、报废等手续。

（5）是否建立电梯安全技术档案管理制度，明确档案内容及管理要求；是否按规定逐台建立安全技术档案并及时更新安全技术档案。

（6）监督维保单位按照《电梯维护保养规则》或合同约定的周期、内容开展电梯维保工作。

（7）电梯运行环境是否存在不符合安全技术规范要求的情况。

（三）月调度检查

根据落实主体责任要求，由特种设备安全总监负责月调度具体工作的情况落实，由单位主要负责人组织召开月调度会议，听取特种设备安全总监关于特种设备安全管理工作的情况汇报。

特种设备安全总监对近一个月内企业的特种设备使用安全管理工作情况进行总结，主要包括日管控、周排查中发现的特种设备安全风险问题及整改情况。由单位主要负责人对特种设备安全管理工作作出指示。

特种设备安全总监根据当月特种设备安全管理工作情况、会议讨论决议及单位主要负责人指示，对下个月特种设备安全管理工作做出安排，形成《每月电梯安全调度会议纪要》。月调度检查内容包括但不限于以下内容：

（1）是否建立特种设备安全管理人员与作业人员管理制度，并按规定配备相关人员。

（2）根据使用的特种设备种类和数量，是否需要设置专门的安全管理机构。

（3）是否制定电梯事故应急专项预案，并每年至少开展 1 次演练。

（4）查看电梯维护保养单位的资质是否覆盖本单位电梯。

（5）是否建立采购管理制度，明确采购、验收要求。

（6）是否制定定期检验、自行检测计划并组织实施，并落实定期检验、自行检测的后续整改工作。

四、安全乘梯要求

（一）通用要求

（1）乘坐或者操作电梯，应当遵守安全使用说明和安全注意事项的要求，服从有关工作人员的管理和指挥。遇有运行不正常时，应当按照安全指引，有序撤离。

（2）禁止乘坐无电梯使用标志，或电梯使用标志上注明的下次检验日期早于当前日期或正在检验、修理、维护保养的电梯。

（3）禁止乘坐正在进行维修或保养的电梯，此时电梯正处于非正常工作状态，一旦搭乘容易发生安全事故。

（4）禁止使用电梯运送未密封包装的水或其他液体。

（二）乘客进出电梯时要求

（1）层门打开时，乘客应先下后上，进梯乘客应站在门口，让出梯的乘客先行，出入乘客不要相互推挤。

（2）轿门打开后数秒即自动关闭。若需要延迟关闭轿门，按住轿厢内操纵盘上的开门按钮；若须立即关闭轿门，按动关门按钮。

（3）搭乘电梯前应留心松散、拖曳的服饰（例如长裙、礼服等），以防电梯在其被层门、轿门夹住的情况下运行，造成人身伤亡。勿在电梯门中间停留，以免被电梯门夹伤。

（4）切忌使用过长的细绳牵领宠物搭乘电梯，应用手拉紧或抱住宠物，以防电梯在细绳被层门、轿门夹住的情况下运行造成安全事故。乘坐电梯时儿童和宠物必须由成人陪同，避免发生意外。

（5）电梯层门、轿门开启时，禁止将手指放在层门、轿门的门板上，以防门板缩回时挤伤手指。电梯层门、轿门关闭时，切勿将手搭在门的边缘（门缝），以免影响关门动作，甚至挤伤手指。

（6）进入轿厢前，应先等层门完全开启后看清轿厢是否停在该层站（不排除电梯会出现层门误开的可能），切忌匆忙迈进，以免造成人身坠落伤亡事故。切忌将头伸进电梯井道窥视轿厢，以免发生人身剪切伤亡事故。

（7）进出轿厢前，应先等层门或轿门完全开启后看清轿厢是否准确，平层是否在该层站，即轿厢地板和候梯厅地板是否在同一平面（故障电梯会因平层不准确，轿厢与地面形成台阶），切忌匆忙举步，以免绊倒。切忌将手、腿伸入轿门与井道间缝隙处，以免轿厢突然启动造成意外事故。

（8）电梯层门、轿门正在关闭时，切勿为了赶乘电梯或担心延误出厢而用手、脚、身体，或棍棒、小推车等直接阻止关门。虽然正常的层门、轿门会在安全保护装置的作用下自动重新开启，但是一旦门系统发生故障会造成严重后果。正确的方法是等待下次电梯，或按动候梯厅内呼梯按钮，或按动轿厢内开门按钮，使层门、轿门重新开启。

（9）禁止用异物卡住电梯厅门、轿门中间，人为阻止电梯关门；搬运重物需长时间使用电梯时，需要提前联系电梯管理部门工作人员。

（三）乘客在轿厢内要求

（1）乘客勿将流水的雨伞等带入轿厢，保洁员在清洁楼板时不能将水、杂物等扫入轿门与地坎间缝隙处以免造成井道内的电气设备短路。

（2）进入轿厢后，正常情况下禁止尝试按动警铃按钮，以免误导电梯值班人员前来救援。

（3）轿厢运行过程中，禁止扒门和打开轿厢顶安全窗，以免电梯紧急制停、乘客被困在轿厢内或坠落电梯井道，发生伤亡事故。

（4）搭乘时切忌在轿厢内倚靠轿门，以免影响轿门的正常开启、损坏轿门或开启时摔伤，甚至当轿门误开时造成人身伤亡事故。

（5）爱护轿厢内设施（例如装饰、操纵盘、楼层显示器、警铃按钮、摄像头等），勿在轿厢内乱写乱画、乱抛污物，保持轿厢内清洁，以保证电梯的使用寿命。

（6）禁止在轿厢内吸烟，以免影响他人健康，甚至引起火灾。

（四）电梯发生异常情况时的处理要求

（1）电梯因停电、安全装置动作、故障等原因将乘客困在轿厢内时，乘客应保持镇静，使用轿厢内“报警装置电话”“警铃按钮”等通信设备，及时与电梯值班人员联络，并耐心等待救援人员的到来。

（2）乘客被困在轿厢内时，严禁强行扒开轿门或企图从轿厢顶安全窗爬出逃生（安全窗仅供专业人员进行紧急救援或维修时使用），以防发生人身剪切或坠落伤亡事故。轿厢有通风孔，不会造成窒息；轿厢的应急照明能持续一段时间。

（3）乘客发现电梯异常（如层门、轿门不能关闭，有异常声响、振动或烧焦气味），应立即停止乘用并及时通知电梯专业人员前来检查修理，切勿侥幸乘用或自行采取措施。

（4）电梯所在大楼发生火灾时，禁止搭乘电梯逃生，应采用消防通道疏散。电梯的消防控制功能仅供专业的消防人员救生时使用，不响应乘客的召唤。

（5）发生地震时，禁止搭乘电梯逃生。轿厢内的乘客应尽快在最近的安全楼层撤离轿厢。

（6）电梯发生水淹时（例如因大楼水管破裂），禁止乘客搭乘。轿厢内的乘客应尽快在最近的安全楼层撤离轿厢。

（7）电梯突然急速下坠时，乘客应保持镇静，切记惊慌失措，采取图3－11中的自我保护措施。

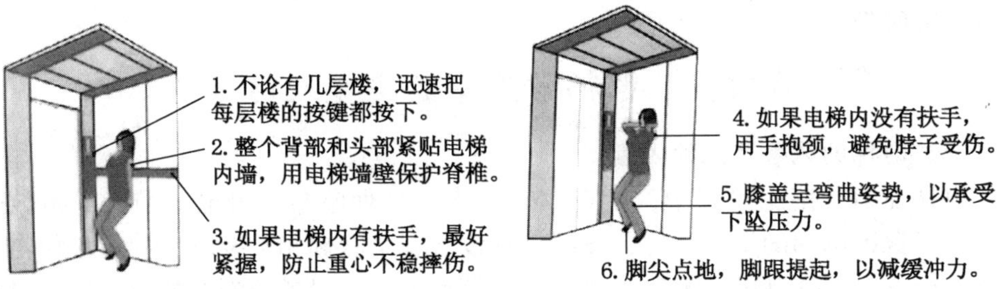

图3－11　电梯急速下坠时乘梯人自我保护措施

（五）其他安全使用要求

（1）杂物电梯仅能用作运送图书、文件、食品等物品，没有针对载人的安全措施，严禁人员搭乘杂物电梯。

（2）严禁将无任何保护措施的易燃易爆或腐蚀性物品带入轿厢，以防造成人身伤害或设备损坏，禁止在轿厢内存放这类物品。

（3）搬运体积、尺寸长的物品搭乘电梯时，应请专业人员到场指导协助，进出轿厢时切忌拖拽，也不要打开轿厢顶安全窗将长物品伸出轿厢外，以免损坏电梯设备，造成危险事故。

（4）勿向电梯门地坎沟槽内丢扔果核等。若不慎将物品落入到轿门与井道缝隙中，勿自行采取措施，应立即通知电梯专业人员协助处理。

（5）切勿超载搭乘电梯。轿厢承载超过额定载荷时会超载报警且电梯不能启动，此时后进入的乘客应主动退出轿厢。严重超载时会发生溜梯，造成设备损坏或人身伤害事故。

（6）严禁非专业人员未经允许进入电梯机房、监控室、井道（通过检修门等)、底坑，以防受到运动部件的伤害，或者是进行错误操作导致电梯发生事故。

（7）通往机房的通道和机房进出口勿堆放物品，要保持其畅通无阻，以免影响专业人员日常维保和紧急情况下的救援与修理，或者因堆放物引起火灾。

（8）禁止私自拆装候梯厅内、轿厢内的操纵盘等各类电梯部件，以免造成电梯故障或遭到电击。

（9）除专门设计的载货电梯外，禁止使用叉车在轿厢内起卸货物，以免造成设备损坏。

（10）发现其他乘客有危险的乘梯动作或状态时，应善意地进行劝阻，并向其说明危险性。

第四节　电梯常见事故类型及防范

一、电梯的风险及危险因素

电梯在运行使用过程中，存在物体打击、高处坠落、触电、困人等事故风险。为了保证电梯的安全运行，按照特种设备安全管理相关要求，使用单位需要建立健全安全管理制度及配置必要的安全管理人员，对各项潜在的危险因素进行辨识，做好检查工作，发现电梯的不安全状态、人的不安全行为和不安全的环境，及时采取控制措施，才能保证运行安全。电梯运行使用过程中可能存在的危险因素及预防控制措施见表3－2。

表3－2　电梯运行使用中可能存在的危险因素及控制措施

序号	危害因素	事故风险	预防/控制措施
1	未按规定建立电梯安全管理相关制度及操作规程	坠落、剪切、物体打击、触电、碰撞、挤压、困人	按照要求建立电梯安全管理制度及操作规程
2	未按规定设置管理机构或配备安全管理人员	坠落、剪切、物体打击、触电、碰撞、挤压、困人	按要求设置管理机构或配备安全管理人员
3	电梯机房外门无“电梯机器危险，未经允许禁止入内”等标识；机房门门锁失效	坠落、物体打击、触电、碰撞、挤压、绞绕	按要求实施自行检查、巡查
4	未配备适合的灭火器材，不在有效期内	火灾	按要求实施自行检查、巡查

表3-2（续）

序号	危害因素	事故风险	预防/控制措施
5	机房内照明、通风不正常；室内环境温度未在5~40℃；机房环境不良	触电、窒息、火灾	按要求实施自行检查、巡查
6	安全通道不通畅；机房及滑轮间警示标识缺失	坠落、物体打击、触电、碰撞、挤压、摔倒、绞绕	安全检查，如有此情况及时处理
7	驱动主机、导向轮、各驱动和转向站、曳引轮、制动器机械、限速器等装置、轿门开门限制、控制柜等有异常噪声、异常振动、磨损量超标、老化严重、运转不正常、转动不灵活等现象	坠落、剪切、碰撞、冲击、切断、物体打击、挤压、触电、困人	监督维保工作实施情况
8	手动救援装置不能实现有效救援	坠落、剪切、挤压、困人	按规定定期进行演练
9	轿门运行开启和关闭工作不正常；电梯平层精度大于10 mm；轿门防撞击保护装置功能失效；轿内报警装置、对讲系统工作不正常	碰撞、困人、摔倒	按要求实施自行检查、巡查；监督维保工作实施情况
10	电梯使用标识、安全注意事项、电梯维护保养标识、电梯使用（检验）标志没有张贴齐全，内容不完整，检验不在有效期内；轿厢内部控制面板上数字、开关门及其他功能按钮确认动作不灵活，信号不够清晰、完整、控制失效；轿厢照明、风扇、应急照明工作不正常；轿内显示、指令按钮、IC卡等系统不齐全，失效；层站召唤、层楼显示不齐全、无效	各种机械伤害、触电、困人	按要求实施自行检查、巡查；监督维保工作实施情况
11	电梯外呼按钮不齐全，按钮呼梯登记灯不亮；电梯楼层显示或到站指示不齐全，有缺损；楼层显示不正常；锁梯开关、消防开关不齐全或有缺损；消防开关玻璃缺损，字迹不清晰	触电、困人	按要求实施自行检查、巡查；监督维保工作实施情况
12	井道照明不正常；井道、对重、轿顶各反绳轮轴承部有异常声响、有振动、润滑不足；随行电缆有损伤；上下极限开关工作不正常	坠落、触电、碰撞、挤压、困人	监督维保工作实施情况

表 3-2（续）

序号	危害因素	事故风险	预防/控制措施
13	上下出入口处的照明工作异常；上下出入口和扶梯之间保护栏杆松动；扶手带入口处保护开关动作不可靠	坠落、触电、碰撞、挤压	按要求实施自行检查、巡查，发现问题及时处理
14	梳齿板照明不足；梳齿板有破损，梳齿板梳齿与踏板面齿槽、导向胶带啮合异常	坠落、碰撞、挤压、摔倒	按要求实施自行检查、巡查；监督维保工作实施情况落实
15	出入口安全警示标志不齐全；紧急停止开关工作异常，标识不清或缺失	坠落、碰撞、挤压、卷人、摔倒	按要求实施自行检查、巡查；监督维保工作实施情况
16	设备运行状况有异响或异常情况	各种机械伤害、触电、困人	按要求实施自行检查、巡查；监督维保工作实施情况落实

注：该表所列使用环节危险因素仅供学习参考，在实际中应根据现场实际情况进行详细分析并加以预控。

二、电梯常见事故类型及其处理和防范

近年来，我国电梯数量持续快速增长，虽然电梯万台事故率呈现总体下降趋势，但事故伤亡人数仍不少。电梯安装、改造、修理维保环节发生事故概率较高，设备缺陷和安全装置失灵也有较高的概率，应急救援及安全管理使用环节也占一定比例，采取必要的对策措施，确保电梯安全可靠运行十分重要。表 3-3 为 2015—2022 年我国电梯事故情况。

表 3-3　2015—2022 年我国电梯事故情况

年份	电梯台数	事故起数	事故死亡人数	事故原因（已结案）
2015	425.96 万台	58	46	安全附件或保护装置失灵等 39 起；违章作业或操作不当 13 起；应急救援（自救）不当 2 起；管理不善或儿童监护缺失，以及乘客自身原因导致事故 4 起
2016	493.69 万台	48	41	违章作业或操作不当 21 起；安全附件或保护装置失灵等 13 起；应急救援（自救）不当 4 起；儿童监护缺失及乘客自身原因导致事故 3 起

表3-3（续）

年份	电梯台数	事故起数	事故死亡人数	事故原因（已结案）
2017	562.70万台	56	41	违章作业或操作不当28起；设备缺陷和安全附件或保护装置失灵等7起；应急救援（自救）不当7起；安全管理、维护保养不到位5起；儿童监护缺失及乘客自身原因导致事故1起
2018	627.83万台	31	22	违章作业或操作不当21起；设备缺陷和安全附件或保护装置失灵等3起；应急救援（自救）不当3起；安全管理、维护保养不到位4起
2019	709.75万台	33	29	违章作业或操作不当9起，无证操作1起；设备缺陷和安全附件或保护装置失灵等4起；应急救援（自救）不当2起；安全管理、维护保养不到位8起
2020	786.55万台	25	19	违章作业或操作不当5起；设备缺陷和安全附件或保护装置失灵等6起；应急救援（自救）不当1起；安全管理、维护保养不到位1起
2021	879.98万台	23	17	安全管理、维护保养不到位4起，违章作业或操作不当3起；安全部件失效或保护装置失灵等2起；未及时检验1起；应急救援不当1起；其他原因1起
2022	964.46万台	22	17	安全管理、维护保养不到位2起，违章作业或操作不当4起，主要部件失效或安全保护装置失灵等6起，应急救援不当1起

（一）常见事故类型

电梯事故有人身伤害事故、设备损坏事故和复合性事故。

1. 人身伤害事故

人身伤害事故主要表现形式有：

（1）坠落。比如因层门未关闭或从外面能将层门打开，轿厢又不在此层，造成受害人失足从层门处坠入井道。

（2）剪切。比如当乘客踏进或踏出轿门的瞬间，轿厢突然启动，使受害人在轿门与层门之间的上下门坎处被剪切。

（3）挤压。常见的挤压事故，一是受害人被挤压在轿厢围板与井道壁之间；二是受害人被挤压在底坑的缓冲器上，或是人的肢体部分（比如手）被挤压在转动的轮槽中。

（4）撞击。常发生在轿厢冲顶或冲底时，使受害人的身体撞击到建筑物或电梯部件上。

（5）触电。受害人的身体接触控制柜的带电部分，或在施工操作中，人体触及设备的带电部分及漏电设备的金属外壳。

（6）烧伤。一般发生在火灾事故中，受害人被火烧伤。在使用喷灯浇注巴氏合金的操作中，以及电焊和气焊的操作时，也会发生烧伤事故。

2. 设备损坏事故

电梯设备损坏事故多种多样，主要有以下几种：

（1）机械磨损。常见的有曳引钢丝绳将曳引轮绳槽磨大或钢丝绳断丝；有齿曳引机轮齿轮磨损过大等。

（2）绝缘损坏。电气线路或设备的绝缘损坏或短路，烧坏电路控制板；电动机过负荷其绕组被烧毁。

（3）火灾。使用明火时操作不慎引燃易燃物品，或电气线路绝缘损坏造成短路、接地打火引起火灾发生，烧毁电梯设备，甚至造成人身伤害。

（4）湿水。常发生在井道或底坑进水，造成电气设备浸水或受潮甚至损坏，机械设备生锈。

3. 复合性事故

复合性事故是指事故中既有对人身的伤害，同时又有设备的损坏。比如发生火灾时，既造成了人的烧伤，也损坏了电梯设备。又如制动器失灵，造成轿厢坠落损坏，轿厢内乘客受到伤害等。

（二）事故原因分析

电梯事故的原因，一是人的不安全行为；二是设备的不安全状态，两者又互为因果。人的不安全行为可能是教育或管理不够引起的；设备的不安全状态则是长期维修保养不善造成的。在引发事故的人和设备的两大因素中，人是第一位的，因为电梯的设计、制造、安装、维修、管理等都是人为的。人的不安全行为，比如操作者将电梯电气安全控制回路短接起来，使电梯处于不安全状态，这个处于不安全状态的电梯，又引发人身伤害或设备损坏事故。具体每个事故发生的原因各有不同，可能是多方面的。

（三）事故处置

1. 垂直电梯困人的应急处置

（1）通过轿厢内紧急报警装置第一时间同值班室取得联系，轿厢被困人员严禁强行扒门或攀爬安全窗，等待救援人员。

（2）到达现场的救援专业人员应当先判别电梯轿厢所处的位置再实施救援，

严防由于盲目救援发生人员高处坠落的事故。

2. 发生机械伤害（如剪切、高处坠落、碰撞）等人员受伤的应急处置

（1）救援人员第一时间赶到现场进行救援，当现场救援条件不足时，应立即向单位负责人报告请求支援，必要时联系专业医护人员赶到现场。

（2）救援中如不需要移动电梯，首先断开电梯主电源开关，以避免在救援过程中电梯意外运行导致二次机械伤害；如发生人员被夹住，需要移动电梯，救援人员需要有效沟通行动一致，采取可靠措施防止人员受到二次机械伤害。

（3）如人员被卡住，需要对电梯部件进行拆除或切割，应采取可靠的措施，防止人员受到二次伤害。

（4）对出血多的伤口应加压包扎，有搏动性或喷涌状动脉出血不止时，暂时可用指压法止血；或在出血肢体伤口的近端扎止血带，上止血带者应有标记，注明时间，并且每 20 min 放松一次，以防肢体的缺血性坏死。

（5）如有人员骨折，应就地取材固定骨折的肢体，防止骨折的人员再损伤。

（6）如有钢筋、玻璃等物刺入体腔或肢体，不宜拔出，宜锯断刺入物的体外部分（近体表的保留一段），等到达医院后，准备手术时再拔出。有时戳入的物体正好刺破血管，暂时能起到填塞止血作用，一旦现场拔除，会招致大出血而来不及抢救。

（7）对心跳呼吸停止者，现场进行心肺复苏。

（8）对失去知觉者宜清除口鼻中的异物、分泌物、呕吐物，随后将伤员置于侧卧位以防窒息。

（9）做好初期现场救援，等待医疗部门援助。

3. 发生触电伤害的应急处置

（1）当发生人员触电，首先应切断电源或者用不导电的物体，比如竹竿、木棒将触电人员脱离触电环境。

（2）当现场救援条件不足时，应立即向单位负责人报告请求支援，必要时联系专业医护人员赶到现场。

（3）对心跳呼吸停止者，现场进行心肺复苏，等待医疗部门援助。

4. 发生湿水时的应急处置

（1）对建筑设施及时采取堵漏措施的同时，当楼层发生水淹没而使井道或底坑进水时，应当将电梯轿厢停于进水层的上两层，并切断总电源。

（2）如机房进水较多，应立即停止运行，切断进入机房的所有电源，并及时处理漏水。

（3）对已经湿水的电梯，要及时进行除水除湿处理，在确认已经妥善处理

后，经试运行无异常，方可恢复使用。

5. 发生火灾时的应急处置

（1）立即向消防部门报警。

（2）如电梯有消防功能，由专业人员（持证）按下电梯的消防按钮，使电梯进入消防运行状态。

（3）对于无消防功能的电梯，应立即将电梯直驶至首层并切断电源或将电梯停于火灾尚未蔓延的楼层。在乘客离开电梯轿厢后，将电梯置于停止运行状态，用手关闭电梯轿厢层门、轿厢门，切断电梯总电源（包括照明电源）。

（4）井道内或电梯轿厢发生火灾时，应立即停止运行，疏导乘客安全撤离，切断电源。

（5）有共用井道的电梯发生火灾时，应当立即停止运行电梯，以避免因火灾停电造成的困人事故。

（6）做好初期火灾灭火，等待消防部门援助。

（四）事故防范

（1）安装单位应当落实安全管理制度，加强现场安全管理和安装作业人员的资格管理。作业人员应当严格执行操作规程，加强自身保护。

（2）使用单位应聘用有资质的维保单位开展电梯维修保养工作，监督检查和协助维保单位进行日常维修保养工作，纠正其违规操作的行为，提供安全作业环境，保证电梯使用安全。

（3）要提高维修人员对作业过程中存在的风险进行辨识的能力，进入井道作业前要戴好安全帽，在电梯出入口设置正在维修标识牌，并将电梯置于停止运行状态。

（4）维保单位一方面要加强作业人员安全教育和技能培训工作，做好考核和记录；另一方面还要加强作业现场的安全管理，强化对现场作业行为的有效监督，当需要多人配合作业时应配足作业人员，在维修作业时应告知使用单位，让其在作业现场协助安全管理。

（5）在电梯使用过程中，电梯的所有电气安全装置和安全回路必须完整有效。在电梯安装过程中，为了实施某些操作而需要暂时将其置于无效状态时，必须注意严加监护，并及时恢复。

三、典型事故案例

（一）挤压事故

2010 年 3 月 7 日上午，电梯安装人员孟某和王某在某新区工地安装电梯控制面板。大约 9 时 20 分，两人到达 1 楼，王某安装南侧电梯的消防面板，孟某安装北侧电梯的外呼面板。王某在拧螺钉时听到孟某一声惨叫，随即发现北侧电梯层门处于开启状态，孟某肩膀以上部位被挤压在1楼层门下端和轿厢之间。而此时北侧电梯仍在缓慢向下运行，王某赶紧爬到北侧电梯的轿顶，操作急停开关、检修开关，轿厢最终停止在1楼平层位置以下1.47 m处。孟某经抢救无效死亡。

事故原因分析：

（1）直接原因是电梯层门电气安全回路被非正常处置，处于失效状态。

（2）主要原因是安装人员违规操作，将电梯层门电气安全回路置于非正常状态。

（3）次要原因是安装单位未能有效落实特种设备安全管理制度，对特种设备作业现场安全监督管理不力；安装单位对特种设备作业人员资格把关不严，作业人员证书已过期，未及时复审仍在上岗作业。

（二）高处坠落事故

2007年10月31日，某公司对其连锁家电卖场直销员进行例行培训，培训结束前，20时左右，市场部工作人员赵某、王某、梁某以及公司保安兼电梯工孟某等6人一起乘坐电梯到4楼赠品库为直销员领赠品。孟某取了挂架和大礼包等赠品后，喊道："我先下去了，一会把电梯给你们放上来！"随即将电梯开到了1楼，但没关电梯外的安全门。这时，赵某抱着一大堆赠品走向电梯，由于视线被遮挡，未发现4楼电梯已开到1楼，在门开启的状态下，误踏入电梯井内，从4楼电梯口坠落到1楼电梯的轿厢顶上，造成轻度摔伤。

事故原因分析：

（1）发生事故的电梯属于老式货运电梯，电梯年检合格证已过期3年，且无检验和维修保养记录。电梯安全操作规程不健全，特种设备的润滑保养及日常点检规范不完善。

（2）主要原因是在电梯使用、管理过程中，责任未落实。孟某的工作岗位是保安兼电梯工，由于工作任务不专一，未能认真执行电梯工的基本工作职责，如电梯的日常保养点检记录、交接班制度等。

（3）重要原因是该公司对特种设备管理不严格，电梯轿厢厅门电气联锁装置失灵，设备带病运行。

（4）孟某操作电梯过程中忽视安全，不严格执行设备安全操作规程，操作不能关闭厅门和联锁装置失灵的设备，导致赵某误踏入电梯井内摔伤，是发生事故的直接原因。

（三）剪切事故

2017 年 6 月 15 日 14 时 20 分，某公司维保组长罗某接到物业服务公司某小区电梯 1 层人员被困要求解救电话后，立即带领组员何某到达现场，用三角钥匙打开层门，后用手打开桥厢门将人救出。罗某和何某乘坐另外一部电梯到达楼顶电梯机房读取故障代码，分析电梯故障为轿厢底部安全钳有问题。罗某去维保站取回维修工具和配件，安排何某到电梯底坑查看轿厢底部安全钳，罗某去轿厢顶部调整电梯位置。何某进入底坑后检查发现电梯安全钳楔块拉杆变形弯曲。于是何某卸下导靴支架，换上新的安全钳楔块拉杆，后又发现导靴支架 2 个压片缺失。两人商量后，到工地在导靴及其支架上焊接了 2 个导靴衬压片。16 时 27 分许，两人返回故障电梯。何某进入电梯底坑进行导靴的安装及调试工作，罗某进入电梯轿顶配合维修。何某成功完成导靴的安装及调试工作后，向罗某喊了声："好了"，随后发现轿厢开始上升，大约 5 s 突然听到罗某紧急呼叫"何某，赶紧，赶紧……!"，何某慌忙中多次按下底坑紧急停止开关，再次呼喊罗某时，罗某已无应答，期间电梯停止运行。何某扒开 1 楼层门，迅速跑至 2 楼查看，发现 2 楼电梯层门被打开，罗某上半截身子被卡在轿厢门头和 2 楼门楣中间。

事故原因分析：

（1）在电梯层门安全回路等回路短接的情况下，违规将事故电梯从检修运行状态切换至正常运行状态，在电梯自动平层过程中，违规打开层门跳离轿顶时绊倒卡在电梯轿厢门头和 2 楼门楣中间，是导致该事故发生的直接原因。

（2）安全生产主体责任落实不到位，安全生产责任制不健全，安全生产管理制度执行不到位，未有效对作业人员进行安全教育和技能培训。电梯维修人员安全意识淡薄，在维保作业中违章冒险作业，是造成事故发生的主要原因。

（3）在电梯维修工作中对承担的电梯维修工程安全管理不到位，由电梯使用单位与维修人员直接联系并自行开展维修活动，致使维修活动脱离公司安全管理，对作业人员违规违章行为无法及时发现并制止，是造成事故发生的重要原因。

（4）维保公司主要负责人、安全管理人员安全生产管理职责履行不到位，对公司各项安全管理制度落实不力、维保作业人员违章冒险作业、不正确佩戴劳动防护用品、现场无人员监护等问题失察，是造成事故发生的又一重要原因。

（5）物业服务公司岗位责任制度落实不到位，未按照《电梯使用管理与维护保养规则》的要求对维修工作进行有效监督，未及时发现维保作业过程中存在的违法违规问题，是造成事故发生的又一原因。

（6）质量技术监督部门对电梯维保单位监管存在薄弱环节，对电梯维保单位安全生产主体责任不落实、责任制不健全、安全管理制度落实不严、人员培训不到位等问题监督检查督促不力。

（四）冲顶事故

2004年2月3日晚，送货员李某向位于某商务楼2层的某公司送化工原料。李某进入大楼后准备乘电梯上楼，未等其按电梯按钮，电梯已下到1层，且梯门自动打开，当李某走进轿厢时，厅门未关闭电梯就已上升，导致其被电梯轿底绊了一下，摔倒在电梯内，手中的化学原料也洒落一地。同时由于摔倒时李某双腿大腿以下部分还处于厢外，所以电梯行至2层时，其双腿被夹在电梯轿底与2层平层之间，电梯也因此而停下。消防救援人员用扩张器将轿底横向顶开，将李某救出。李某双腿轻度灼伤、右腿膝盖部分粉碎性骨折。据查，在事故发生及救人过程中，电梯1层厅门始终处于开门状态，且当消防人员将李某救出后，电梯又立即冲项。

事故原因分析：

（1）由于接触器发生粘连不能切断制动器电流，使抱闸处在松闸状态，电梯对重在重力作用下向下坠落并使电梯轿厢上行，是事故产生的主要原因和直接原因。

（2）电梯维护单位未严格遵循法律法规规定，超期维保（该电梯最近一次维保距事故发生时已超过15天），且在维修保养中未严格执行国家安全技术规范的要求，对应该发现的事故隐患（电梯下行接触器粘连）未及时发现并排除，是导致事故发生的主要原因。

（3）物业管理方面未严格按照法律法规规定建立健全电梯安全管理制度并遵照执行，未对电梯进行经常性的日常维护保养并定期自行检查，未能及时督促电梯维保单位做好维保工作，是导致这起事故发生的次要原因。

（五）蹲底事故

2004年3月11日15时30分，北京市某医院外科楼2号病床电梯在向上运行至2层时停梯上人，当电梯准备关门上行时，电梯轿厢突然变为下行，溜梯蹲底至负1层，造成5人轻伤，直接经济损失35万元。

事故原因分析：

（1）电梯维修保养不及时、不到位，电梯机械部件磨损严重，控制部分失灵。电梯制动器不能正常工作，从而导致该事故发生。

（2）物业管理公司违反《特种设备安全监察条例》规定，未取得电梯维修资质，进行非法的电梯维修保养工作。

（3）物业管理公司未严格执行国家安全技术规范要求，未保证其维修保养电梯的安全技术性能，维修保养工作不到位。.

（六）触电事故

1986 年 6 月 27 日，上海市某电梯制造厂的技术股长和刚分配来的大学生校验 1 台电梯控制屏。将屏的开门机、显示、方向选层等回路校验结束后，发现控制回路存在问题，能产生误动作，于是技术股长分别对 Jx、JxF 的线圈进行校验，用电线指向控制屏的反面，由大学生去检查线路，检查结果正确。当技术股长正在分析原因时，突然听到大学生的叫声，立即切断电源，该大学生因伤势过重，抢救无效死亡。

事故原因分析：

（1）事故原因是受害者（大学生）未穿戴防护工作服与绝缘鞋，违章穿短袖上衣、短裤、风凉鞋，致使右膝关节上方偏内侧处触及控制屏的电源相线，从而导致触电死亡。

（2）控制屏的金属外壳虽然采用了保护接零，但只能保护调试人员因电器元件或线路漏电触及外壳而引起的间接触电事故，而不能防止调试人员操时直接接触带电体造成的触电事故。

小结

本章主要介绍了电梯的基本知识、安全保护装置，以及安全管理和使用等安全技术，根据电梯分类和二院生产作业场所的工作特点，重点介绍了曳引驱动电梯的安全管理、维护保养和检查、安全乘梯等安全要求，对电梯运行的风险和危险因素进行了识别，并采用措施预防控制。最后结合电梯典型事故案例，总结电梯常见事故类型，分析事故原因，归纳事故处置和防范要点，减少事故的发生和损失。

思考与讨论

1. 电梯的工作特点是什么？
2. 电梯的安全保护装置有哪些？
3. 电梯的一般安全管理要求有哪些？
4. 电梯的检查周期和内容是什么？
5. 安全乘梯的要求有哪些？
6. 电梯运行使用中的危险因素有哪些？一般采取什么措施进行控制？
7. 电梯的常见事故类型有哪些？分别采取什么应急处置措施？

第四章　起重机械安全技术

起重机械是指用于垂直升降或者垂直升降并水平移动重物的机电设备，其范围规定为额定起重量≥0.5 t 的升降机；额定起重量≥3 t（或额定起重力矩≥40 t·m 的塔式起重机，或生产率≥300 t/h 的装卸桥），且提升高度≥2 m 的起重机；层数≥2 层的机械式停车设备。

多数起重机械在吊具取料之后即开始垂直或垂直兼有水平的工作行程，到达目的地后卸载，再空行程到取料地点，完成一个工作循环，然后再进行第二次吊运。一般来说，起重机械工作时，取料、运移和卸载是依次进行的，各相应机构的工作是间歇性的。起重机械主要用于搬运成件物品，配备抓斗后可搬运煤炭、矿石、粮食之类的散状物料，配备盛桶后可吊运钢水等液态物料。有些起重机械如电梯也可用来载人。在某些使用场合，起重设备还是主要的作业机械，例如在港口和车站装卸物料的起重机就是主要的作业机械。

第一节　起重机械基本知识

一、起重机械的工作特点

起重机械的工作特点至少应该包括以下几点：

（1）起重机械通常结构庞大而复杂，能完成一个起升运动、一个或几个水平运动。

（2）起重机械所吊运的重物多种多样，载荷时常变化。

（3）大多数起重机械需要在较大的空间内运行，有的要装设轨道和车轮（如塔吊、桥吊等），有的要装上轮胎或履带在地面上行走（如汽车吊、履带吊等），有的需要在钢丝绳上行走（如客运、货运架空索道），因此一旦造成事故，影响的范围也较大。

（4）有些起重机械需要直接载运人员在导轨、平台或钢丝绳上做升降运动（如电梯、升降平台等），其可靠性直接影响员工人身安全。

（5）起重机械暴露和活动的零部件较多，且常与吊运作业人员直接接触（如吊钩、钢丝绳等），潜在危险因素较多。

（6）起重机械作业环境复杂。从大型钢铁联合企业到现代化港口、建筑工地、铁路枢纽、旅游胜地等都有起重机械在运行。作业场所常常会有高温、高压、易燃易爆、输电线路、强磁场等危险因素，对设备和作业人员形成威胁。

（7）起重作业常常需要多人配合，共同进行。起重作业中的一个操作就需要指挥、捆扎、驾驶等作业人员配合熟练、动作协调、互相照应，而且配合通常存在较大难度。

二、起重机械的分类

起重机械种类繁多。常见的起重机分类可以分为塔式起重机、移动式起重机、桥式起重机、门式起重机、升降机 5 种。

（一）塔式起重机

塔式起重机是一种常见的高空作业设备，通常用于建筑工地和大型工程项目。它具有高度高和起重能力大的特点，能够在垂直和水平方向上进行灵活的起重操作，如图 4－1 所示。

图 4－1　塔式起重机

（二）移动式起重机

移动式起重机是一种可以移动的起重设备，通常用于各种建筑工地和工业场所，具有灵活性和便携性，可以在不同位置进行起重作业。

（三）桥式起重机

桥式起重机是一种常见的室内起重设备，通常用于工厂、仓库和物流中心。它由一个跨越式桥架和悬挂在桥架上的起重机构成，可以在桥架上沿轨道进行行走和起重操作。

（四）门式起重机

门式起重机是一种大型起重设备，通常用于港口、船坞和大型工程项目。其由两个立柱和横梁组成，可以在立柱上沿轨道进行行走和起重操作。

（五）升降机

升降机，升降作业平台是一种多功能起重装卸机械设备，可分为固定式、移动式、导轨式、曲臂式、剪叉式、链条式、装卸平台等。其中剪叉式升降机是用途广泛的高空作业专用设备，它的剪叉式机械结构使升降台起升后有较高的稳定性，宽大的作业平台有较高的承载能力，使高空作业范围更大，并适合多人同时作业。它使高空作业效率更高，更安全，是用途广泛的高空作业升降设备。

除了以上几类常见的起重机械，还有一些特殊用途的起重设备，如吊车、挖掘机配重、履带起重机等。每种起重机械都有其特定的结构和工作原理，操作人员需要了解并遵守相应的安全操作规程。在《起重机械分类》中，将起重机械分为了五大类，如图 4－2 所示。

（六）非特种设备类起重机械

除上述起重机械外还有部分非特种设备类起重机械。

（1）非机动性起重设备。如吊篮、脚手架等，这些设备主要用于建筑工地、电力设施的维修等领域。

（2）车辆吊装设备。如汽车吊车、自升式车载吊车等，这些设备主要用于货物的转运和装卸。

（3）回转库。回转库又名自动仓储机、立体货柜，主要有垂直循环货柜、垂直提升货柜、联体提升货柜等，是现代化仓储的主要设备，实现仓库的自动化操作，提升管理。常见的垂直提升货柜是以托盘为存储单元，通过托盘车的升降和水平运动，将存放货物的托盘取出或送到柜体内合适的货位。与垂直循环货柜相比，垂直提升货柜更适合存放尺寸差异较大和形状不规则的物品。

（4）立体库。也称自动化立体库（AS/RS），是物流技术的革命性成果，一般由高层货架、巷道堆垛机、输送机、控制系统和计算机管理系统等构成，可以在计算机系统控制下完成单元货物的自动存取作业。

（5）装填车。通常为导弹运输装填车，是供短程运输并用于装填导弹的专用车辆，有轮式和履带式。车体分为整车型、拖车型和半拖车型，装填方式有垂直吊装式和水平移动式。垂直吊装式可在操纵室内操纵，也可在车外实施遥控；水平移动式可不用起重机转装，以排除从导弹托架上起吊导弹易于出现的碰撞、跌落等事故的可能性。

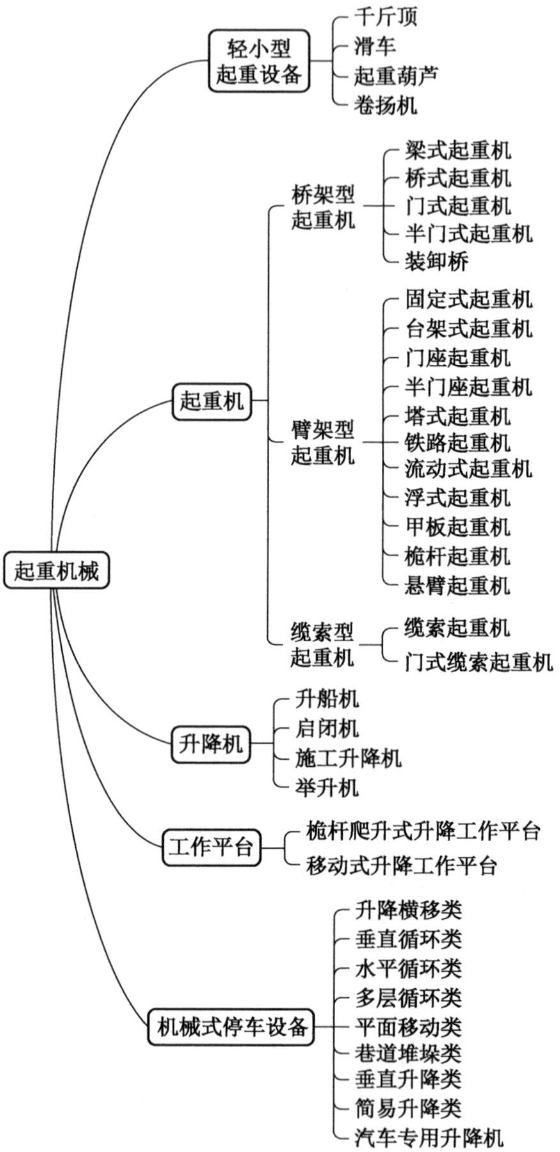

图4－2　起重机械分类

（6）还有一些需要进行小型物品起吊作业的起重设备，如吊桶、吊具等。这些设备的风险相对较小，不需要特别的安全许可证。

第二节　起重机械安全防护装置

一、超载限制器

超载作业所产生的过大应力，可以使钢丝绳拉断、传动部件损坏、电工机烧毁，或者由于制动力矩相对不够导致制动失效等。超载作业对起重机结构危害很大，既会造成起重机主梁的下挠，主梁的上盖板及腹板出现失稳、裂纹或焊缝开裂，还会造成起重机臂架或塔身折断等重大事故。由于超载而破坏了起重机的整体稳定性，有可能发生整机倾覆倾翻等恶性事故。

根据《起重机械安全规程第 1 部分：总则》(GB 6067.1—2010) 的规定：对于动力驱动的 1 t 及以上无倾覆危险的起重机械应装设超载限制器，对于有倾覆危险的且在一定的幅度变化范围内额定起重量不变化的起重机械也应装设超载限制器。对于超载限制器的技术要求主要有：各种超载限制器的综合误差不应大于 10%，当实际起重量超过 95% 额定起重量时，超载限制器应发出报警信号；当实际起重量在 100% ~110% 的额定起重量之间时，超载限制器作用，此时应自动切断起升动力源，但应允许机构作下降运动；内燃机驱动的起升和/或非平衡变幅机构，如果中间没有电气、液压或气压等传动环节而直接与机械连接，该起重机械可以配备灯光或声响报警装置来替代超载限制器。

超载限制器按其功能可分为自动停止型、报警型和综合型三种类型。

(1) 自动停止型超载限制器在起升重量超过额定起重量时，能停止起重机向不安全方向继续动作，同时允许起重机向安全方向动作。安全方向是指吊载下降、收缩臂架、减小幅度及这些动作的组合。自动停止型一般为机械式超载限制器，它多用于塔式起重机。其工作原理是通过杠杆、偏心轮、弹簧等反映载荷的变化，根据这些变化与限位开关配合达到保护作用。

(2) 警报型超载限制器能显示出起重量，并当起重量达到额定起重量的 95% 时，能发出报警的声光信号。

(3) 综合型超载限制器能在起重量达到额定起重量的 95% 时发出报警的声光信号，当起升重量超过额定起重量时，能停止起重机向不安全方向继续动作。

超载限制器按结构形式可分为机械型和液压型两种类型。

(1) 机械类型的超载限制器有杠杆式和弹簧式等，其原理是通过杠杆、弹簧、凸轮等的作用带动撞杆。当超载时，撞杆与控制起升动作的开关相作用，切断起升机构的动力源，控制起升机构中止运行。

(2) 液压型超载限制器由油缸、导管、波顿管和表盘等构成。由于货物重量不同，使油缸内油液产生不同的压力，这一压力使波顿管开始运动，带动齿轮之间互相传动啮合，从而促使指针指示出货物的重量。通过信号传递装置和限制开关可以实现超载限制作用。

二、起重力矩限制器

额定起重量随工作幅度变化的起重机，应装设起重力矩限制器。因此在讨论起重力矩限制器时应重点关注臂架式起重机。

臂架式起重机工作幅度的可变性是其工作特点。变幅方式包括动臂变幅和起重小车变幅两种形式，起重量与工作幅度的乘积称为起重力矩。当起重量不变时，工作幅度越大，起重力矩就越大。当起重力矩不变时，工作幅度越大，起重量越小。当起重力矩大于允许的极限力矩时，会造成臂架折弯或折断甚至还会造成起重机械整机失稳而倾覆或倾翻。臂架式起重机在设计时，已经为其起重量与工作幅度之间求出了一条力矩极限关系曲线，即起重机特性曲线。根据《起重机械安全规程第 1 部分：总则》(GB 6067. 1—2010）的规定：当实际起重量超过实际幅度所对应的起重量的额定值的 95% 时，起重力矩限制器应发出报警信号。当实际起重量在 100% ~110% 的额定起重量之间时，起重力矩限制器起作用，此时应自动切断不安全方向（上升、幅度增大、臂架外伸或这些动作的组合）的动力源，但应允许机构做安全方向的运动。

机械式起重力矩限制器主要用于臂架型起重机，能自动检测出起重机所吊载的质量及起重臂所处的角度，当载荷超过额定载荷时，能自动切断起升回路电源，防止超载事故的发生。常用的起重力矩限制器有机械式和电子式。电子式起重力矩限制器由力矩检测器、工况选择器和微型计算机等组成，如图 4 - 3 所示。

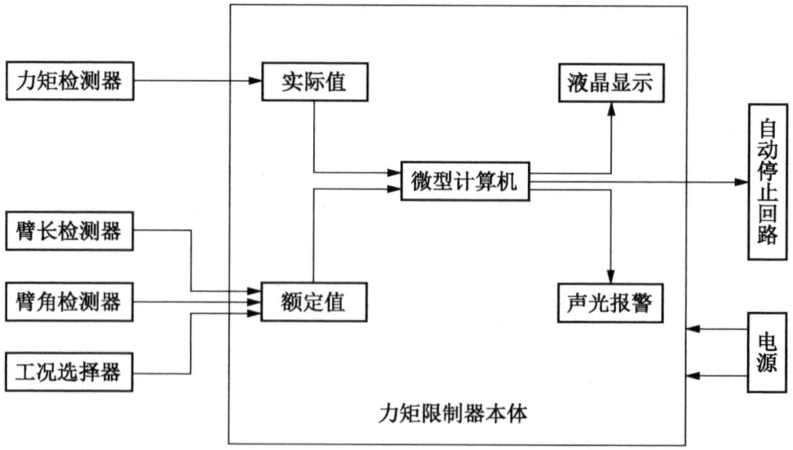

图 4 - 3　电子式起重力矩限制器框图

其工作原理是：当长度、角度检测器测出的臂长、臂角值及工况信息经过数据采集电路进入计算机，计算出该工况的额定值，而力矩检测器测出的信号经过数据采集电路进入计算机，计算出实际值。将额定值与实际值进行比较，当实际值大于或等于额定值的90%时，发出预警告信号；当实际值达到额定值时，发出禁止报警信号，并通过自动停止回路自动停止起重机向危险方向运动，但允许起重机向安全方向运动。同时，起重臂的长度、角度、幅度、起重量等参数经软件程序中数字模型的计算，分别送到液晶显示器显示。

三、缓冲器

当运行极限位置限制器或制动装置发生事故时，由于惯性的原因，运行到终点的起重机或主梁上的小车，将在运行终点与设置在该位置的止挡体相撞。设置缓冲器的目的是吸收起重机或起重小车的运行动能，以减缓冲击。缓冲器设置在起重机或起重小车与止挡体相碰撞的位置，如图4－4所示。在轨道上运行的起重机的运行机构、起重小车的运行机构及起重机的变幅机构等均应装设缓冲器或缓冲装置。缓冲器或缓冲装置可以安装在起重机上或轨道端部止挡装置上。

图4－4 缓冲器

缓冲器类型较多，常用的缓冲器有弹簧缓冲器、聚氨酯缓冲器、气压缓冲器和液压缓冲器。

（1）弹簧缓冲器主要由碰头、弹簧和壳体组成，其特点是结构比较简单、使用可靠、维修方便。当起重机碰到弹簧缓冲器时，其能量主要转变成弹簧的压缩能，因而具有较大的反弹力。

（2）聚氨酯缓冲器是一种新型的缓冲器，在国际上已普遍采用。聚氨酯缓冲器具有吸收能量大、缓冲性能好、耐油、耐老化、耐稀酸和稀碱、耐高温和低温、绝缘防爆、密度小、结构简单、价格低廉、安装维修方便和使用寿命长的特点。

（3）气压缓冲器是一种将空气进行压缩来达到缓冲效果的缓冲器。气压缓冲器具有缓冲平稳、调节方便、寿命长等优点，广泛应用与电梯、自动扶梯等轻型机械设备中。

（4）液压缓冲器能吸收较大的撞击能量，其行程可做得短小，故而尺寸也较小。液压缓冲器最大的优点是没有反弹作用，故工作较平稳可靠。

四、限位器

限位器是用来限制各机构在某范围内运转的一种安全防护装置，其作用是防止运动部件超过极限位置拉断绳索，在运动部件即将超过极限位置时能够发出警报并自动切断电源，避免事故发生。一旦限位器发生故障，可能会导致重物失落事故和人员被砸伤等事故发生。限位器有三类，分别为保护起升机构安全运作的起升高度限位器、限制运行机构所能到达的极限位置的运行行程限位器和限制起重机械臂架俯仰行程极限位置的幅度限位器。

（1）起升高度限位器（图4－5）用于限制取物装置的起升高度，当吊具起升到上升极限位置时，限位器能自动切断电源。在此极限位置的上方，还应留有足够的空余高度，以适应上升制动行程的要求。在特殊情况下，如吊运熔融金属，还应装设防止越程冲顶的第二级起升高度限位器，第二级起升高度限位器应分断更高一级的动力源。

图4－5　起升高度限位器

需要时还应设置下降深度限位器，下降至最低位置时，能自动切断电源，使起升机构停止下降，此时应保证钢丝绳在卷筒上缠绕余留的圈数不少于2～3圈（根据卷筒大小确定）。

（2）运行行程限位器（图4－6）由限位开关和安全尺式撞块组成。其工作原理是：当起重机运行到极限位置后，安全尺触动限位开关的传动柄或触头，带动限位开关内的闭合触头分开而切断电源，运行机构将停止运转，起重机将在允许的制动距离内停车，即可避免硬性碰撞止挡体对运行的起重机产生过度的冲击碰撞。起重机应在每个运行方向装设运行行程限位器，在运行速度大于100 m/min，或停车位要求较严的情况下，宜根据需要装设两级运行行程限位器，第一级发出减速信号并按规定要求减速，第二级应能自动断电并停车。如果在正常作业时起重机经常到达运行的极限位置，司机室的最大减速度不应超过 2.5 m/s^2。

图4-6 运行行程限位器

（3）幅度限位器通常安装在具有变幅机构的起重机械上，一般的动臂起重机的起重臂上都挂有一个幅度指示器，它由一个固定的圆形指示盘和一个铅垂的活动指针构成。当变幅时，指针指示出各种幅度下的额定起重量，当臂杆运行到上下两个极限位置时，分别压下限位开关，切断主控电路，变幅电机停车，达到限位作用。对于动力驱动的动臂变幅的起重机，应在臂架俯仰行程的极限位置处设臂架低位置和高位置的幅度限位器。对采用移动小车变幅的塔式起重机，应装设幅度限位装置以防止可移动的起重小车快速达到其最大幅度或最小幅度处，最大变幅速度超过 40 m/min 的起重机，在小车向外运行且当起重力矩达到额定值的 80% 时，应自动切换为低于 40 m/min 的低速运行。

五、防碰撞装置

对于同层多台或多层设置的桥式起重机，容易发生碰撞。在作业环境复杂，运行速度较快时，单凭司机判断避免事故是很困难的。为了防止起重机在轨道上运行时碰撞临近的起重机，运行速度超过 120 m/min 时，应在起重机上设置防碰撞装置。其工作原理是：当起重机运行到危险距离范围时，防碰撞装置便会发出警报，进而切断电源，使起重机停止运行，避免起重机之间的相互碰撞。在发生碰撞的任何情况下，司机室内的减速度不应超过 5 m/s^2。

防碰撞装置有多种类型，目前主要有超声波式防碰撞装置、电磁波（微波）式防碰撞装置、激光式防碰撞装置。

（1）超声波式防碰撞装置是利用回波测距原理，测出起重机之间或起重机与墙壁之间的距离。当起重机进入规定范围时，发出报警信号，继而切断起重机运行机构电源，从而起到保护作用。整套装置由防撞检测器、控制盒及反射板组成。

（2）电磁波（微波）式防碰撞装置能检测处的距离为 5 ~ 20 m，灵敏度较高，动作误差时间为 1 s，要求环境温度为 -10 ~ 60 ℃。

（3）激光防碰撞装置采用半导体激光作为光源，在同一装置内既有发射器又有接收器，而在相对应的起重机上出现反射光时，即发出警报。它的检出距离一般为 2 ~ 50 m，最大可达 300 m。

六、防偏斜装置

大跨度的门式起重机和装卸桥的两边支腿，在运行过程中，由于种种原因会出现相对超前或滞后的现象，起重机的主梁与前进方向发生偏斜，这种偏斜轻则造成大车车轮啃轨道，重则导致桥架被扭坏，甚至发生倒塌事故。为了防止大跨度门式起重机和装卸桥在运行过程中产生过大偏斜，应设置偏斜限制器、偏斜指示器或偏斜调整装置等，来保证起重机在运行中不出现超偏现象，即通过机械和电器的联锁装置，将超前和滞后的支腿调整到正常位置，以防桥架被扭坏。当桥架偏斜达到一定量时，应能向司机发出信号或自动进行调整，当超过许用偏斜量时，能使起重机自动切断电源，使运行机构停止运行，保证桥架安全。《起重机械安全规程第 1 部分：总则》（GB 6067.1—2010）规定，跨度大于 40 m 的门式起重机和装卸桥宜装设偏斜指示装置或限制装置。

常见的防偏斜装置有钢丝绳式防偏斜装置、凸轮式防偏斜装置、电动式防偏斜装置等。

（1）钢丝绳式防偏斜装置安装在柔性支腿底部横梁上，具有偏斜量指示。

（2）凸轮式偏斜调整装置是在柔性支腿上固接一个转动臂，通过转动臂带动固定于桥架上的拨叉。当桥架两端支腿出现偏斜时，桥架与支腿发生相对转动，再经转动臂带动叉子，反映给叉子同轴凸轮。

（3）电动式防偏斜装置由线圈、铁芯、电桥和变压器组成。偏斜指示器的滚轮直接顶在轨道侧面，正常运行的起重机车轮轮缘与轨道单侧间隙为 20 ~ 30 mm。

七、防止起重机臂触电的安全装置

该装置是采用电磁感应的原理制成的，由发射机和接收机两部分组成，发射机安装在起重机臂端，而接收机安装在司机室内。发射机的电源是自动控制的，当起重机臂抬起 10°时，电源自动接通，发射机处于工作状态。接收机的电源采用车体电源，只要司机接通动力，接收机即处于工作状态，同时与限位电磁阀连接。当起重机臂距离电力线 1.5 m（220 ~ 380 V）时则能发出警报，并且能切断连续向危险方向运动的动力源。

八、其他安全防护装置

1. 联锁保护装置

塔式起重机在动臂变幅机构与动臂支持停止器之间应设置联锁保护装置，使停止器在撤去支撑作用前变幅机构不能开动。

由建筑物进入桥式及门式起重机司机室的门和由司机室登上桥架的舱口门应设置联锁保护装置。当门打开时，起重机不能接通电源。

2. 水平仪

起重量大于或等于 16 t 的流动式起重机，应设置水平仪。常用水平仪多为气泡水平仪。主要由本体、带刻度的横向气泡玻璃管和纵向气泡玻璃管组成。当起重机处于水平位置时，气泡均处于玻璃管的中间位置，否则应调整垂直支腿伸缩量。

3. 防止吊臂后倾装置

流动式起重机和动臂变幅的塔式起重机应设置防止吊臂后倾装置，应保证当变幅机构的行程开关失灵时能阻止吊臂后倾。

4. 支腿回缩锁定装置

对于有支腿的起重机应设置支腿回缩锁定装置，这种装置应能保证工作时顺利打开支腿，非工作时支腿回缩后能可靠地接地。

5. 回转定位装置

流动式起重机应设置回转定位装置，这种装置应能保证流动式起重机在整机行驶时，使上车能保持在固定的位置上。

6. 登机信号按钮

对于司机室设置在运动部分（与起重机自身有相对运动的部位）的起重机，应在起重机上容易触及的安全位置安装登机信号按钮。对于司机室安装在塔式起重机上部、司机室安装架设在有相对运动部位的门座式起重机及特大型桥式起重机，必要时也应安装登机信号按钮。其作用是用于司机和维修人员在登机时，按钮按动后在司机室及明显部位显示信号，使司机能注意到有人登机，防止意外事故发生。

7. 轨道端部止挡体

起重机运行轨道的端部及起重机小车运行轨道的端部均应设置轨道端部止挡体，止挡体应有足够的强度和牢固性，以防止被起重机撞坏出现起重机或小车脱轨而发生事故，止挡体应与起重机端梁或起重小车横梁端设置的缓冲器配合使用。

8. 倒退报警装置

流动式起重机应设置倒退报警装置，流动式起重机向倒退方向运行时，应发出清晰的报警信号和明灭相间的灯光信号。

表4-1为起重机械防护装置及失效事故类型。

表4-1 起重机械防护装置及失效事故类型

序号	起重机械防护装置	失效事故类型	分类
1	超载限制器	钢丝绳拉断、传动部件损坏、电工机烧毁等	自动停止型、报警型、综合型、机械型、液压型、电子型
2	起重力矩限制器	臂架折弯折断、起重机械整机失稳、倾覆、倾翻等	机械式、电子式
3	缓冲器	冲击事故、振动事故、运动失控事故等	弹簧缓冲器、聚氨酯缓冲器、气压缓冲器、液压缓冲器
4	限位器	超载事故、碰撞事故、倾覆事故等	起升高度限位器、运行行程限位器、幅度限位器
5	防碰撞装置	碰撞事故、起重物体脱落事故、超出安全工作区域事故等	超声波式防碰撞装置、电磁波（微波）式防碰撞装置、激光式防碰撞装置
6	防偏斜装置	倾覆事故、结构损坏事故、操作人员误判事故等	钢丝绳式防偏斜装置、凸轮式防偏斜装置、电动式防偏斜装置
7	抗风防滑和锚定装置	倾覆事故、结构损坏事故、飞物事故等	手动式夹轨器、电动式夹轨器、电动手动两用夹轨器、锚定装置
8	防止起重机臂触电的安全装置	电击事故、火灾事故、设备损坏事故、人员伤亡事故等	绝缘保护装置、接地保护装置、跳线保护装置、感应电压保护装置
9	联锁保护装置	超载事故、碰撞事故、超限事故、操作错误事故、电气事故等	机械连锁保护、电气连锁保护、控制系统连锁保护、人机连锁保护
10	水平仪	倾覆事故、载荷控制失效事故、操作人员误判事故等	气泡式水平仪、激光水平仪、电子水平仪、全站仪
11	防止吊臂后倾装置	吊臂后倾事故、翻车事故、结构破坏事故等	吊臂后倾限制器、吊臂后倾锁定装置、液压防后倾装置、电子防后倾装置

第三节 起重机械安全作业管理和操作技术

一、一般安全管理要求

（一）起重机械使用安全管理

（1）操作人员的资质和培训。操作起重机械的人员应具备相应的资质和培训，包括持有合法的操作证书和经过专业培训的技能。操作人员应熟悉起重机械的操作规程、安全要求和紧急情况处理方法。

（2）安全操作规程和操作要点。针对不同类型的起重机械，应制定相应的安全操作规程和操作要点，明确操作人员在起重过程中的各项操作步骤、注意事项和安全预防措施。

（3）定期检查和维护。起重机械应定期进行检查和维护，确保其各项功能和安全设备的正常运行。检查和维护内容包括机械结构、电气系统、液压系统等方面。

（4）事故预防和应急处理。在起重机械的使用过程中，应做好事故预防工作，包括合理的作业计划、合理的载荷安排、合理的工作环境等。同时，还应建立应急处理机制，以应对突发情况和事故。

（5）监督和管理。起重机械的安全管理应由专门的管理部门或人员负责，对操作人员的操作行为进行监督和管理，及时发现和纠正不安全行为，确保起重机械的安全运行。

（二）作业人员安全管理

1. 起重司机

司机应遵照制造商说明书和安全工作制度负责起重机的安全操作，除接到停止信号之外，在任何时候都只应服从吊装工或指挥人员发出的可明显识别的信号。司机应具备以下条件：

（1）具备相应的文化程度。

（2）在视力、听力和反应能力方面能胜任该项工作。

（3）具有安全操作起重机的体力。

（4）具有判断距离、高度和净空的能力。

（5）在所操作的起重机械上受过专业培训，并有起重机及其安全装置方面的丰富知识。

（6）经过起重作业指挥信号的培训，理解起重作业指挥信号，听从吊装工或指挥人员的指挥。

（7）熟悉起重机械上的灭火设备并经过使用培训。

（8）熟知在各种紧急情况下处置及逃逸手段。

（9）具有操作起重机械的资质。出于培训目的在专业技术人员指挥监督下的操作除外。

2. 吊装工

吊装工负责在起重机械的吊具上吊挂和卸下重物，并根据相应的载荷定位的工作计划选择适用的吊具和吊装设备。

吊装工负责按计划实施起重机械的移动和重物搬运。当吊装工不止一人时，则在任一次操作中，根据他们相对起重机的位置，只应由其中一人负责。当该吊装工处于司机看不见的位置时，为确保操作信号的连续性，指挥人员必须将信号传送给司机，使用视觉或听觉信号均可。

在起重机械工作中，如果指挥起重机械和载荷移动的职责移交给其他有关人员，吊装工应向司机说明情况。而且，司机和被移交者应明确各自应负有的责任。吊装工应具备下列条件：

（1）具备相应的文化程度。

（2）在视力、听力和反应能力方面能胜任该项工作。

（3）具备搬动吊具和组件的体力。

（4）具有估计起吊物品质量、平衡载荷及判断距离、高度和净空的能力。

（5）经过吊装技术的培训。

（6）具有根据物品的情况选择合适的吊具及组件的能力。

（7）经过起重作业指挥信号的培训，理解并能熟练使用起重作业指挥信号。

（8）需要使用听觉设备（如对讲机）时，能熟练使用该设备并能发出准确、清晰的口令。

（9）熟悉起重机的性能及相关参数，具有指挥起重机和载荷安全移动的能力。

（10）具有担负该项工作的资质。出于培训的目的在专业技术人员指挥监督下的操作除外。

3. 指挥人员

指挥人员应负有将信号从吊装工传递给司机的责任。指挥人员可以代替吊装工指挥起重机械和载荷的移动，但在任何时候只能由一人负责。

在起重机械工作中，如果把指挥起重机械安全运行和载荷搬运的工作职责移交给其他有关人员，指挥人员应向司机说明情况。而且，司机和被移交者应明确其应负的责任。指挥人员应具备下列条件：

（1）具备相应的文化程度。

（2）在视力、听力和反应能力方面能胜任该项工作。

（3）具有判断距离、高度和净空的能力。

（4）经过起重作业指挥信号的培训，理解并能熟练使用起重作业指挥信号。

（5）需要使用听觉设备（如对讲机）时，能熟练使用该设备并能发出准确、清晰的口令。

（6）熟悉起重机的性能及相关参数，具有指挥起重机和载荷安全移动的能力。

（7）具有担负该项工作的资质。出于培训的目的在专业技术人员指挥监督下的操作除外。

二、起重附件安全管理要求

（一）吊索具安全管理

1. 吊钩的安全检查

（1）检查新钩制造合格证。

（2）新钩应做负荷试验，测量钩口开度不应超过原开度的 0.25%。

（3）三个危险断面应用火油清洗，用放大镜看有无裂纹。对板式钩应检查衬套、销子磨损情况。

（4）防止脱钩，吊钩上应设有防止吊钩意外脱钩的安全装置。

2. 吊钩的报废标准

凡出现下列情况之一者应予报废，不许补焊。

（1）表面有裂纹时。

（2）危险断面损失量达原尺寸的 10% 时。

（3）扭转变形超过 10°。

（4）危险面和吊钩颈部产生塑性变形时。

（5）板式钩衬套磨损达原尺寸的 50% 时应报废衬套，销子磨损量超过名义直径的 3% ~5% 时应更新。

（6）板式钩心轴磨损达原尺寸的 5% 时，应报废心轴，予以更新。

（7）开口度比原尺寸增加 15% 时。

（8）吊钩上未装有防止脱钩的安全装置。

吊钩应定期进行载荷试验。人力驱动的机构用吊钩，以 $1.5Q_{额}$ 作为检验载荷；动力驱动的机构用吊钩检验载荷按规定取值。吊钩卸去检验载荷后，在没有任何缺陷和变形的情况下，开口度的增加不应超过原开口度的 0.25%。

（二）钢丝绳安全管理

钢丝绳是起重机上应用最广泛的挠性构件。其优点是卷绕性好，承载能力大，对于冲击载荷的承受能力强；卷绕过程中平稳，即使在卷绕速度高的情况下也无噪声；由于绳股钢丝断裂是逐渐发生的，一般不会突然发生钢丝绳整体断裂，因此工作时比较可靠。它的缺点是：使用时不易弯曲，并要增大卷筒和滑轮的直径。起重钢丝绳频繁用于各种作业场所，易磨损、受烧烤、腐蚀等。如果钢丝绳的选择、维护、保养和使用不当，容易发生钢丝绳断裂，造成死亡事故或重大险情。因此，正确掌握使用钢丝绳的方法是十分重要的。

1. 钢丝绳破断原因

（1）超载。

（2）与滑轮卷筒穿绕次数有关。

（3）与滑轮卷筒的直径大小有关。

（4）与工作级别使用环境（温度、腐蚀气体）有关。

（5）与保管使用维修有关。

（6）捆绑时与钢丝绳弯曲的曲率半径有关。

最主要的原因是钢丝绳绕过滑轮吊物时，钢丝在强大应力下，反复弯曲与反复挤压摩擦，引起金属疲劳与磨损，表面的钢丝绳逐渐折断。

2. 钢丝绳的报废

（1）使用寿命。钢丝绳的使用寿命是根据其材料、使用环境和工作负荷等因素来确定的。一般来说，钢丝绳的使用寿命是有限的，经过一定时间或使用次数后需要进行更换。

（2）检查和评估。定期检查钢丝绳的外观和内部状况，包括检查是否有明显的磨损、断丝、变形、锈蚀等情况。如果发现有异常，应及时进行评估，确定是否需要报废。

（3）报废标准。根据相关的标准和规范，确定钢丝绳的报废标准。一般来说，如果钢丝绳的破坏程度超过了标准规定的限制，或者无法满足安全使用的要求，就需要报废。

（4）替换和记录。一旦决定报废钢丝绳，就应及时进行替换，并做好相关记录，包括报废原因、报废日期、更换日期等信息。

（三）设备购置与管理

必须在指定的并有安全部门发给合格证的制造厂选购；起重机的安全防护装置应齐全、完善，并有产品合格证。

使用单位应根据所使用的起重机种类、复杂程度以及使用的具体情况，建立设备档案制度、设备检修制度、安全技术操作规程等文件制度。

起重机无论在停止或进行转动的状态下，与周围建筑物或固定设备等均应保持一定的间隙，有可能通行的间隙不得小于400 mm。

三、起重机械的维护保养和检查

（一）起重机械的维护保养

定期的维护保养可以减少设备的磨损，延长使用寿命；消除设备隐患，排除一般故障，使设备处于技术完好状态；使设备的保养状态达到整齐、清洁、润滑、安全、可靠的要求。

定期保养包括外保养、大车和小车运行机构保养、起升机构保养和润滑4个方面。

（1）外保养。全面清扫擦拭起重机，做到无灰尘、无油污；检查并补齐螺丝、螺帽等机件，保持起重机各个机构齐整。

（2）大车和小车运行机构保养。检查电动机、减速器、传动轴座、角形轴承箱等底座螺栓是否松动，并紧固；检查联轴器上的螺丝及轴键是否松动，并紧固；检查制动器各轴销和制动带的磨损情况，调整制动器与制动轮间隙，要求均匀、灵敏、可靠。

（3）起升机构保养。检查钢丝绳、吊钩及滑轮的磨损情况，是否安全可靠，尤其注意钢丝绳在平衡轮处的磨损情况，钢丝绳压板螺丝是否松动，并紧固；检查并调整制动器，确保安全、灵敏、可靠。

（4）润滑。对所有轴承、制动器、联轴器、钢丝绳等加油润滑；检查各减速器的油位油质，更换或添加符合要求质量的润滑油；检查液压推动器（或液压电磁铁）中的油质和油量，并根据情况更换或注满变压器油。

（二）起重机械的检查

使用单位要严格按照危险作业检查标准对场所内的起重机械进行检查，除此之外还要根据起重机的工作繁重程度与环境恶劣程度适当增加检查频次。

1. 每日检查

在每天工作前，应检查各类安全防护装置、制动器、操作控制装置、紧急报警装置、轨道安全状况、钢丝绳安全状况。发现有异常情况时，必须及时处理，严禁带病运行。

2. 每月检查

检查项目包括安全装置、制动器、离合器等可靠性和精度；重要零部件（如吊具、钢丝绳滑轮组、制动器、吊索具辅具等）的状态，有无损伤，是否应报废等；电气、液压系统及其部件的泄露情况及工作性能；动力系统和控制器等；停用一个月以上的起重机械，使用前也应做上述检查。

3. 年度检查

每年对所有在用的起重机械至少进行一次全面检查。停用一年以上、遭遇过四级以上地震或发生过重大设备事故、露天作业的经受九级以上风力后的起重机械，使用前都应进行全面检查。

起重载荷试验时，可以吊运相当于额定起重量的重物，并按额定速度进行起升、运行、回转、变幅等操作，检查起重机正常工作机构的安全和技术性能、金属结构的变形、裂纹、腐蚀及焊缝、铆钉、螺栓等连接情况等。

四、起重机械安全操作技术

（一）起重机械一般安全操作技术

起重机械一般安全操作技术如下：

（1）作起重机械时，不允许从事分散注意力的其他操作。

（2）司机体力和精神不适时，不得操作起重设备。

（3）司机应接受起重作业人员的起重作业指挥信号的指挥。当起重机的操作不需要信号员时司机负有起重作业的责任。无论何时，司机随时都应执行来自任何人发出的停止信号。

（4）司机应对自己直接控制的操作负责。无论何时，当怀疑有不安全情况时，司机在起吊物前应和管理人员协商。

（5）在离开无人看管的起重机之前，司机应做到下列要求：①荷应下放到地面，不得悬吊；②使运行机构制动器上闸或设置其他的保险装置；③把吊具起升到规定位置；④根据情况，断开电源或脱开主离合器；⑤将所有控制器置于“零位”或空挡位置；⑥固定住起重机械防止发生意外的移动；⑦当采用发动机提供动力时，应使发动机熄火；⑧露天工作的起重机械，当有超过工作状态极限风速的大风警报或起重机处于非工作状态时，为避免起重机移动应采用夹轨器和/或其他装置使起重机固定。

（6）如对于电源切断装置或启动控制器有报警信号，在指定人员取消这类信号之前，司机不得接通电路或开动设备。

（7）在接通电源或开动设备之前，司机应查看所有控制器，使其处于“零位”或空挡位置。所有现场人员均在安全区内。

（8）如果在作业期间发生供电故障，司机应该做到下列要求：①使制动器上闸或设置其他保险装置；②应切断所有动力电源或使离合器处于空挡位置；③如果可行，可借助对制动器的控制把使悬吊载荷放到地面；

（9）司机应熟悉设备和设备的正常维护。如起重机械需要调试或修理，司机应把情况迅速报告给管理人员并应通知接班司机。

（10）在每一个工作班开始，司机应试验所有控制装置。如果控制装置操作不正常，应在起重机械运行之前进行调试和修理。

（11）当风速超过制造厂规定的最大工作风速时，不允许操作起重机械。

（12）若在起重机械的轨道或结构上结冰或其周围能见度下降的气候条件下操作起重机械，应减慢速度或提供有效的通信手段保证起重机的安全操作。

（13）夜班操作起重机时，作业现场应有足够的照度。

（二）吊运前准备

（1）正确佩戴个人防护用品，包括安全帽、工作服、工作鞋和手套。高处作业还必须佩戴安全带和工具包。

（2）检查清理作业场地，确定搬运路线，清除障碍物；室外作业要了解当天的天气预报；流动式起重机要将支撑地面垫实垫平，防止作业中地基沉陷。

（3）对使用的起重机和吊装工具、辅件进行安全检查；不使用报废元件，不留安全隐患；熟悉被吊物品的种类、数量、包装状况以及周围联系。

（4）根据有关技术数据，如质量、几何尺寸、精密程度、变形要求，进行最大受力计算，确定吊点位置和捆绑方式。

（5）编制作业方案。对于大型、重要的物件的吊运或多台起重机共同作业的吊装，事先要在有关人员参与下，由指挥、起重机司机和司索工共同讨论，编制作业方案，必要时报请有关部门审查批准。

（6）预测可能出现的事故，采取有效的预防措施，选择安全通道，制定应急对策。

（三）起重机司机安全操作要求

认真交接班，对吊钩、钢丝绳、制动器、安全防护装置的可靠性进行认真检查，发现异常情况及时报告。

（1）开机作业前，应确认起重机处于安全状态方可开机，即确认所有控制器是否置于零位；起重机上和作业区内是否有无关人员，作业人员是否撤离到安全区；起重机运行范围内是否有未清除的障碍物；起重机与其他设备或固定建筑物的最小距离是否在0.5 m以上；电源断路装置是否加锁或有警示标牌；流动式起重机是否按要求平整好场地，支脚是否牢固可靠。

（2）开车前，必须鸣铃或示警；操作中接近人时，应给断续铃声或示警。

（3）司机在正常操作过程中，不得利用极限位置限制器停车；不得利用打反车进行制动；不得在起重作业过程中进行检查和维修；不得带载调整起升、变幅机构的制动器，或带载增大作业幅度；吊物不得从人头顶上通过，吊物和起重臂下不得站人。

（4）严格按指挥信号操作，对紧急停止信号，无论何人发出，都必须立即执行。

（5）吊载接近或达到额定值，或起吊危险器（液态金属、有害物、易燃易爆物）时，吊运前应认真检查制动器，并用小高度、短行程试吊，确认没有问题后再吊运。

（6）起重机各部位、吊载及辅助用具与输电线的最小距离应满足安全要求。

（7）有下述情况时，司机不应操作：起重机结构或零部件（如吊钩、钢丝绳、制动器、安全防护装置等）有影响安全工作的缺陷和损伤；吊物超载或有超载可能，吊物质量不清；吊物被埋置或冻结在地下、被其他物体挤压；吊物捆绑不牢，或吊挂不稳，被吊重物棱角与吊索之间未加衬垫；被吊物上有人或浮置物；作业场地昏暗，看不清场地、吊物情况或指挥信号。在操作中不得歪拉斜吊。

（8）工作中突然断电时，应将所有控制器置零，关闭总电源。重新工作前，应先检查起重机工作是否正常，确认安全后方可正常操作。

（9）有主、副两套起升机构的，不允许同时利用主、副钩工作（设计允许的专用起重机除外）。

（10）用两台或多台起重机吊运同一重物时，每台起重机都不得超载。吊运过程应保持钢丝绳垂直，保持运行同步。吊运时，有关负责人员和安全技术人员应在现场指导。

（11）露天作业的轨道起重机，当风力大于 6 级时，应停止作业；当工作结束时，应锚定住起重机。

（四）司索工安全操作要求

司索工主要从事地面工作，如准备吊具、捆绑挂钩、摘钩卸载等，多数情况还担任指挥任务。司索工的工作质量与整个搬运作业安全关系极大。其操作工序要求如下：

（1）准备吊具。对吊物的质量和重心估计要准确，如果是目测估算，应增大 20% 来选择吊具；每次吊装都要对吊具进行认真的安全检查，如果是旧吊索应根据情况降级使用，绝不可侥幸超载或使用已报废的吊具。

（2）捆绑吊物。对吊物进行必要的归类、清理和检查，吊物不能被其他物体挤压，被埋或被冻的物体要完全挖出。切断与周围管、线的一切联系，防止造成超载；清除吊物表面或空腔内的杂物，将可移动的零件锁紧或捆牢，形状或尺寸不同的物品不经特殊捆绑不得混吊，防止坠落伤人；吊物捆扎部位的毛刺要打磨平滑，尖棱利角应加垫物，防止起吊吃力后损坏吊索：表面光滑的吊物应采取措施来防止起吊后吊索滑动或吊物滑脱；吊运大而重的物体应加诱导绳，诱导绳长应能使司索工既可握住绳头，同时又能避开吊物正下方，以便发生意外时司索工可利用该绳控制吊物。

（3）挂钩起钩。吊钩要位于被吊物重心的正上方，不准斜拉吊钩硬挂，防止提升后吊物翻转、摆动；吊物高大需要垫物攀高挂钩、摘钩时，脚踏物一定要稳固垫实，禁止使用易滚动物体（如圆木、管子、滚筒等）做脚踏物。攀高必须佩戴安全带，防止人员坠落跌伤；挂钩要坚持“五不挂”，即起重或吊物质量不明不挂，重心位置不清楚不挂，尖棱利角和易滑工件无衬垫物不挂，吊具及配套工具不合格或报废不挂，包装松散捆绑不良不挂等，将安全隐患消除在挂钩前。当多人吊挂同一吊物时，应由一专人负责指挥，在确认吊挂完备，所有人员都离开站在安全位置以后，才可发起钩信号。起钩时，地面人员不应站在吊物倾翻、坠落可波及的地方。如果作业场地为斜面，则应站在斜面上方（不可在死角），防止吊物坠落后继续沿斜面滚移伤人。

（4）摘钩卸载。吊物运输到位前，应选择好安置位置，卸载不要挤压电气线路和其他管线，不要阻塞通道。针对不同吊物种类应采取不同措施加以支撑、垫稳、归类摆放，不得混码、互相挤压、悬空摆放，防止吊物滚落、侧倒、塌垛。摘钩时应等所有吊索完全松弛再进行，确认所有绳索从钩上卸下再起钩，不允许抖绳摘索，更不许利用起重机抽索。

（5）搬运过程的指挥。无论采用何种指挥信号，必须规范、准确、明了。指挥者所处位置应能全面观察作业现场，并使司机、司索工都可清楚看到；在作业进行的整个过程中（特别是重物悬挂在空中时），指挥者和司索工都不得擅离职守，应密切注意观察吊物及周围情况，发现问题，及时发出指挥信号。

第四节 起重机常见事故类型及防范

一、起重作业中的危险性及危险要素

起重作业属于危险作业，起重机械属于危险的特种设备。从安全角度看，与一人一机在较小范围内的固定作业方式不同，起重机械的功能是将重物提升到空间进行装卸吊运。为满足作业需要，起重机械具有特殊的机构和结构形式，使起重机和起重作业方式本身存在着诸多危险因素。

（1）吊物具有很高的势能。被搬运的物料个大体重、种类繁多、形态各异，起重搬运过程是重物在高空中的悬吊运动。

（2）起重作业是多种运动的组合。大量结构复杂、形状不一、运动各异、速度多变的可动零部件形成了起重机械的危险点多且分散的特点，增加了安全防护难度。

（3）作业范围大。起重机横跨车间或作业场地，在其他设备、设施和施工人群的上方，起重机带载后可以部分或整体在较大范围内移动运行，使危险的影响范围加大。

（4）多人配合的群体作业。起重作业的程序是地面司索工捆绑吊物、挂钩；起重司机操纵起重机将物料吊起，按地面指挥，通过空间运行将吊物放到指定位置摘钩、卸料。每一次吊运循环，都必须由多人合作完成，无论哪个环节出问题，都可能发生意外。

（5）作业条件复杂多变。在车间内，地面设备多，人员集中；在室外，受气候、气象条件和场地的影响，特别是流动式，起重机还受地形和周围环境等诸多因素的影响。地面有明沟、暗槽或其他障碍物、隐蔽物，高温，低温，阴雨，雷电，大风等都会影响起重机的正常使用，危及安全，重则翻车伤人。

二、起重机常见事故类型及其处理和防范

起重机械重物坠落事故是指起重作业中，吊载、吊具等重物从空中坠落所造成的人身伤亡和设备毁坏的事故。常见的重物坠落事故有脱绳事故、脱钩事故、断绳事故、吊钩断裂事故等。

起重机械重物坠落事故主要是发生在起升机构取物缠绕系统中，每根起升钢丝绳两端的固定也十分重要，如钢丝绳在卷筒上的极限安全圈是否能保证在2圈以上，是否有下降限位保护，钢丝绳在卷筒装置上的压板固定及楔块固定是否安全可靠，做到以上几点就能够有效地防止重物坠落事故的发生。另外，有效控制钢丝绳脱槽（脱离卷筒绳槽）或脱轮（脱离滑轮），也可以避免造成失落事故。

起重机械操作过程中要坚持“十不吊”原则：①指挥信号不明或乱指挥不吊；②物体重量不清或超负荷不吊；③斜拉物体不吊；④重物上站人或有浮置物不吊；⑤工作场地昏暗，无法看清场地、被吊物及指挥信号不吊；⑥遇有拉力不清的埋置物时不吊；⑦工件捆绑、吊挂不牢不吊；⑧重物棱角处与吊绳之间未加衬垫不吊；⑨结构或零部件有影响安全工作的缺陷或损伤时不吊；⑩钢（铁）水装得过满不吊。

1. 挤伤事故

挤伤事故是指在起重作业中，作业人员被挤压在两个物体之间，造成挤压、压伤、击伤等人身伤亡事故。造成此类事故的主要原因是起重作业现场缺少安全监督指挥管理人员，现场从事吊装作业和其他作业人员缺乏安全意识和自我保护措施，野蛮操作等。挤伤事故主要有吊具或吊载与地面物体间的挤伤事故、升降设备的挤伤事故、机体与建筑物间的挤伤事故、机体回转挤伤事故和翻转作业中的挤伤事故五种类型。

起重作业中要加强对起重机械的管理。认真执行起重机械各项管理制度和安全检查制度，做好起重机的定期检查、维护、保养，及时消除隐患，使起重机处于良好的工作状态。同时也要加强对起重机械操作人员的教育和培训，严格执行安全操作规程，提高操作技术能力和处理紧急情况的能力。

2. 坠落事故

坠落事故主要是指从事起重作业的人员，从起重机机体等高处坠落至地面的摔伤事故，也包括工具、零部件等从高空坠落，使地面作业人员受伤的事故。坠落事故主要有从机体上滑落摔伤事故、机体撞击坠落事故、轿箱坠落摔伤事故、维修工具零部件坠落砸伤事故、振动坠落事故和制动下滑坠落事故六种类型。

3. 触电事故

触电事故是指从事起重操作和检修作业人员，因触电而导致人身伤亡的事故。触电事故可以按作业场合分为室内作业的触电事故和室外作业的触电事故两大类。

防范触电事故要做到以下几点：

（1）保证安全电压。起重机应采用 36 V 安全低压。

（2）保证绝缘的可靠性。由于起重机电气系统的绝缘容易因多种因素的作用而失效，因此，必须经常用兆欧表测量检查各绝缘环节的可靠性。

（3）加强屏幕保护。对起重机上的某些无法加装绝缘装置的部分，如馈电的裸露滑触线等，必须加设护栏、护网等屏护设施。

（4）严格保证配电最小安全净距。起重机电气的设计与施工必须规定出保证配电安全的合理距离。

（5）保证接地与接零的可靠性。

（6）加强漏电保护。除了在起重机电气系统中采用电压型漏电保护装置、零序电流型漏电保护装置和泄漏电流型漏电保护装置来防止漏电之外，还应设有绝缘站台（司机室采用木制或橡胶地板），规定作业人员穿戴绝缘鞋等进行操作与检修。

三、典型事故案例

（一）坠落事故

2023 年 6 月 5 日上午 7 时许，盛某、张某、彭某三人在某钢铁公司厂内东北角区域卸载盘螺钢货物。盛某在地面操作桥式起重机将盘螺钢（每件直径约 80 cm，重约 2 t）从车上转移至车旁地面堆放，以三角木等木块在底部固定，张某和彭某在半挂车上协助起吊（穿钢丝绳、挂钩）。8 时许，在卸第 9 件货物期间，为方便操作盛某爬上盘螺钢堆垛第二层上操作起重机，随后未下至地面。8 时9 分，盛某在等待吊装下一件货物时，其所站堆垛底层盘螺钢发生滚动，盛某坠落地面后被第三层滚落的盘螺钢碾压。张某、彭某等人立即上前施救并拨打了 120 急救和报警电话，十余分钟后，救护车赶到现场，医生对盛某进行急救检查后确认其已经死亡。

事故原因：盛某安全意识淡薄，违规作业。在无指挥人员且安全防护措施不到位、安全条件无法保障的情况下，违反操作规程操作起重机进行吊装作业，导致其坠落后受碾压死亡。

（二）重物坠落事故

2011 年 7 月 17 日，某钢铁公司氧气厂，2 号、3 号空压机过滤器到货卸车，用 8 t 汽车吊停在货车尾处卸车，第一件过滤器顺利吊下，此时，机动科长任某同刘某从厂房出来，站在第一件过滤器西侧讨论其用途，14:35 吊第二件，当把空气过滤器主体吊出货车槽开始下落时，箱体主体的西南下角蹭挂货车右边槽上方，箱体急速向南偏甩，同时汽车吊车头翘起，吊物迅速下落，将站在吊物旋转半径内的任某砸住，抢救无效死亡。

事故原因：吊车司机对吊物重量确认不清，估计偏轻，违章冒险操作；起重作业管理不善，没有配备专业起重指挥及司索工；卸货位置不当，任某站位不当。

（三）挤伤事故

2016 年 2 月 24 日下午 15:30 左右，某机械公司何某、蔡某和黄某执行起升钢丝绳润滑作业，在完成铰点附近钢丝绳润滑工作后，何某在车顶指挥黄某和蔡某将吊具拉到最高处后将小车从第三工位慢速向前移动至第四工位前大梁端部位置。此时何某在小车顶左后区域，在小车还有几米到大梁最前端时，将何某夹在前大梁左侧减速传感器支架和小车左后侧液压缓冲器无杆腔及支座之间，经医院抢救无效死亡，死亡原因为失血性休克。

事故原因：何某违反操作规程，在小车开动过程中没有退回司机室，而是进入小车架顶部禁止区域；事故单位未履行安全培训责任，作业人员安全意识淡薄；事故单位安全制度落实不到位，对日常起重机维保现场的巡查管控措施不足。

（四）触电事故

2018 年 9 月 5 日 13:55 分许，青岛市黄岛区王台镇王台中村村民魏某找来汽车吊司机李某和村民庄某帮助自己建造自建房，汽车吊司机李某与村民庄某在用汽车吊辅助吊运灰斗过程中，汽车吊钢丝绳触碰到高压线，导致两人触电身亡。

事故原因：死者安全意识淡薄，作业前未观察作业现场环境；魏某违法建造自建房。

小结

本章以起重机械的工作特点和分类为基础，详细介绍了起重机械的安全防护装置、安全作业管理及操作技术、常见的事故类型及防范的方式，并列举了一些典型的事故案例。通过对这些内容的学习，希望学生能够对不同场景的起重机械制定出相应的安全作业管理要求及安全操作技术要求。

思考与讨论

1. 起重机械主要分类有哪些？
2. 起重常见的事故类型有哪些？
3. 起重作业时有哪些注意事项？

第五章　场（厂）内机动车辆安全技术

第一节　场（厂）内机动车辆基本知识

一、场（厂）内机动车辆的工作特点

场（厂）内专用机动车辆作业同其他交通运输一样，存在着流动性大、作业比较频繁等不安全因素，具有危险性较大、事故多发等特点。相对于其他运输车辆，场（厂）内专用机动车辆作业有它的特殊性，其特殊性主要表现如下。

（1）按生产工艺要求，运行、装卸、使用十分频繁。

（2）运输时间短，装卸作业时间长，作业人员容易产生侥幸心理，违章装载。

（3）旅游和游乐场所道路情况复杂，发生碰撞、倾翻的危险性较大。

（4）车间、库房场地大多比较狭小，道路狭窄，弯道较多，运输作业情况复杂。

场（厂）内专用机动车辆作业人员应了解和掌握有关厂内运输作业的特殊性和规律性，并根据各个单位的实际情况，做好安全管理工作，杜绝各类事故的发生。但由于运输装卸作业的复杂因素，在作业过程中，往往因为道路、场地、物资堆放、操作不当、搬运设备状况不良等原因，发生事故危及员工生命安全，给国家财产带来损失。因此，加强场（厂）内运输的安全管理工作，对安全管理人员和作业人员进行安全技术培训教育，不断提高他们的技术水平和安全责任感，保证安全操作，具有十分重要的意义。

二、场（厂）内机动车辆的分类

根据《特种设备目录》，场（厂）内机动车辆是指道路交通、农用车辆以外仅在工厂厂区、旅游景区、游乐场所等特定区域使用的专用机动车辆，包括机动工业车辆和非公路用旅游观光车辆。本书只介绍机动工业车辆。

机动工业车辆指叉车。叉车，指可由司机直接操纵（含遥控），通过门架和货叉将载荷起升到一定高度进行作业的自行式车辆，可按照结构形式、动力源、控制方式、使用环境和燃料形式进行分类。

（一）按结构形式分类

叉车按结构形式分为平衡重式叉车、前移式叉车、侧面式叉车、插腿式叉车、托盘堆跺车和三向堆跺式叉车。安装在货叉架或者货叉上的可拆卸式属具不视为叉车的一部分。

1. 平衡重式叉车

平衡重式叉车是具有承载货物（带托盘或不带托盘）的货叉（也可是其他属具），载荷相对于前轮呈悬臂状态，并且依靠车辆的质量来进行平衡的堆垛用起升车辆，如图5-1所示。平衡重式叉车结构简单，有内燃式和蓄电池式。内燃叉车一般额定起重量较大，主要用于装载较重的货物，一般在室外或较恶劣的环境下工作，可实现长时间的连续作业；蓄电池叉车主要用于环境要求高，对尾气排放和噪声有限制的室内或仓库等场所。

2. 前移式叉车

前移式叉车是前有外伸支腿，通过移动可伸缩的门架或货叉进行载荷搬运的堆垛用起升车辆，如图5-2所示。前移式叉车一般采用蓄电池作为动力源，门架的前移功能可以很好地实现拆垛和堆垛，所以常用于仓储、仓库内中高度货架的货物堆垛与取货。

3. 侧面式叉车

侧面式叉车是门架或货叉位于两车轴之间，可在垂直于车辆的运行方向横向

图5-1　平衡重式叉车

图5-2　前移式叉车

伸缩，在车辆的一侧以平衡重式的方式进行装载、起升、堆垛或拆垛作业的起升车辆，如图5－3所示。侧面式叉车的货叉位于车体侧方的特殊结构，可以在不转弯的情况下直接从侧面叉取货物。侧面式叉车主要用于空间有限的仓储仓库内，也常用于叉取长条形的货物，如钢筋、木材等。

4. 插腿式叉车

插腿式叉车是带有外伸支腿，货叉位于两支腿之间，载荷质心始终位于稳定多边形内的堆垛用起升车辆，如图5－4所示。插腿式叉车通常采用蓄电池为动力源，车型较小，结构简单，自重轻，车身较短，回转半径小，方便在狭窄的空间内作业，多用于室内库房和集装箱内作业。

图5－3　侧面式叉车

图5－4　插腿式叉车

5. 托盘式叉车

托盘式叉车是货叉位于支腿正上方的堆垛用起升车辆，如图5－5所示。托盘式叉车一般采用蓄电池作为动力源，结构小巧灵活，噪声小，主要用于仓储、仓库内低高度的堆垛、装卸及货物短距离转运。

6. 三向堆垛车

三向堆垛车是可以在车辆的前端及两侧进行堆垛或取货的高起升堆垛车辆，如图5－6所示。三向堆垛车常用于仓储、仓库的狭窄通道作业，通常配有一个三向堆垛货叉，在叉车车体不需转向的情况下，货叉可向左、向右旋转，从而实现两侧的堆垛作业。三向堆垛车可分为低位三向堆垛车和高位三向堆垛车。低位三向堆垛车司机室一般在固定高度，不能移动，一般作业高度会受到限制，考虑到司机的操作视野，通常不大于6 m；高位三向堆垛车，其司机室可随货叉提升，驾驶员可以清楚地观察到所需高度的作业情况，因此可以用于较大的作业高度，其效率和实用性高于低位三向堆垛车。

图5－5　托盘式叉车

图5－6　三向堆垛车

（二）按动力源分类

叉车按动力源分为内燃叉车和电动叉车。

1. 内燃叉车

内燃叉车一般采用柴油、汽油和液化石油气发动机作为动力。通常用于室外、车间或者对尾气排放和噪声没有特殊要求的场所，如车站、码头和工厂生产车间等，其额定起重量一般较大。

2. 电动叉车

电动叉车一般以各类蓄电池为能源、电动机为动力。广泛用于室内和对环境使用要求较高的区域，如医药、食品仓库等行业。其噪声小、无污染，额定起重量相对较小。随着人们对环境保护的重视，电动叉车应用越来越受到青睐，应用范围越来越广泛。

（三）按控制方式分类

叉车按控制方式分为坐驾式叉车、站驾式叉车和步行式叉车。

1. 坐驾式叉车

坐驾式叉车，指叉车操作者坐于叉车车体上进行驾驶和作业。坐驾式叉车操作可以减小劳动强度，驾驶作业舒适度较高，如平衡重式叉车就属于坐驾式。

2. 站驾式叉车

站驾式叉车，指叉车操作者站于叉车后部或侧面部位进行驾驶和作业。站驾式叉车操作可以得到很好的视野，缩小了叉车的结构尺寸，但司机体力消耗大，易疲劳作业，如前移式叉车就属于站驾式。

3. 步行式叉车

步行式叉车，指操作者在叉车后部采用步行跟随叉车前行作业。步行式叉车一般速度较慢，在仓储密度较高、堆垛高度较低的工况下，步行式有很好的作业性能，但如果搬运距离较长或次数过于频繁，操作者易疲劳。

（四）按使用环境分类

叉车按使用环境分为普通叉车、防爆叉车和越野叉车。

1. 普通叉车

普通叉车，指广泛应用于工厂场区、车站、码头、仓库、机场、货场等各类普通工况环境的各式叉车。

2. 防爆叉车

防爆叉车，指用于作业环境或周围环境具有爆炸性气体或爆炸性粉尘等易燃易爆场所的特殊叉车，主要用于具有潜在爆炸性危险的石油化工、制药、喷漆等工业领域，或含有爆炸性混合物的场所。一般又分为内燃防爆叉车和蓄电池防爆叉车两种。

3. 越野叉车

越野叉车，又叫野战叉车，指在未经平整的地面或表层被破坏的场地（如建筑工地）上进行作业的轮式平衡重式叉车。越野叉车拥有特殊的结构设计，采用适合野外作业的专用轮胎，能够在丘陵、山地、滩头、沙地、雪地、冰上及泥泞道路上行驶和作业，主要用于工况条件较差的物资集散地、野外装卸以及军事用途。越野叉车的发动机功率较大，具有良好的机动性和越野性。越野叉车一般有箱梁式车架和铰接式车架。

（五）按燃料形式分类

叉车按燃料形式分为柴油叉车、汽油叉车、蓄电池叉车和液化石油叉车（LPG）。

1. 柴油叉车

柴油叉车，指采用柴油发动机获得动力的叉车。柴油发动机输出动力强，经济优势明显，应用较为广泛。

2. 汽油叉车

汽油叉车，指采用汽油发动机获得动力的叉车。汽油发动机运行稳定、重量较轻、输出功率较大。

3. 蓄电池叉车

蓄电池叉车，指采用各类蓄电池能源驱动电动机的叉车。蓄电池叉车污染小、噪声小，操作轻便。

4. 液化石油气叉车（LPG）

液化石油气叉车，又称 LPG 叉车，指采用液化石油气为燃料的叉车。LPG 叉车可以减少污染气体的排放，降低燃料成本，对发动机的运行工况也有较大的优势。

第二节　叉车的结构和防护

一、叉车的基本结构原理

叉车的种类很多，但其构造基本相似，主要由发动机、底盘（行走机构）、车体、起升机构、液压系统及电气设备等组成。叉车动力系统、传动系统、行驶系统、转向系统等与场（厂）内专用机动车构造基本相同，本节主要介绍平衡重式叉车结构。

（一）平衡重式叉车结构原理

平衡重式叉车是叉车系统中最为常见，也是应用最为广泛的车型，是叉车在生产活动中的主力军。平衡重式叉车是以前轮为支点，用平衡重和自重来平衡货叉上的装载物重量，使叉车保持整体稳定，如图 5－7 所示。

图 5－7　平衡重式叉车的结构原理示意图

（二）平衡重式叉车结构组成

1. 平衡重式叉车整体结构

图 5－8 和图 5－9 所示为平衡重式叉车的总体结构和实物。

2. 车架

车架是底盘系统的重要构件，是叉车的机体基础，起着支撑结构和承受车内外各种载荷的作用。叉车的所有结构及零部件都直接或间接地安装在车架上，支撑着整车所有质量。叉车行驶和作业时，车架既承受各零部件施加的动载荷，还承受着地面及装载物反映给车辆的反向动载荷。

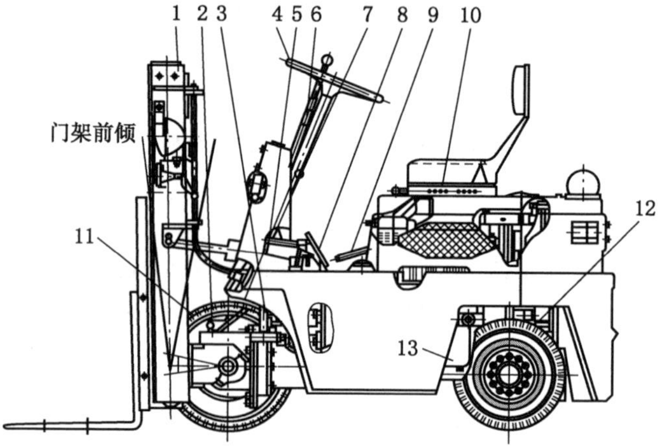

1—门架；2—驱动桥；3—变速箱；4—方向盘；5—倾斜油缸；6—换向杆；7—制动踏板；8—加速踏板；9—驻车制动；10—驾驶座椅；11—前轮；12—后轮；13—发动机

图5-8　平衡重式叉车总体结构示意图

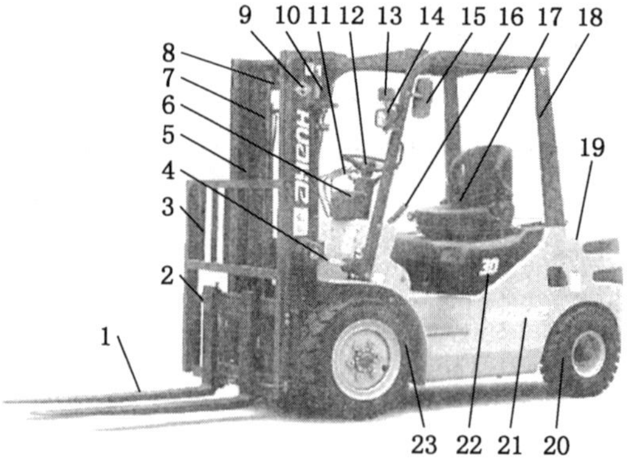

1—货叉；2—货叉架；3—挡货架；4—倾斜油缸；5—内门架；6—仪表盘；7—起升链条；8—链轮；9—外门架；10—起升油缸；11—操纵杆；12—转向盘；13—转向灯；14—前照灯；15—后视镜；16—驻车制动；17—驾驶座椅；18—护顶架；19—平衡重；20—后轮；21—制造厂标志；22—额定起重量标识；23—前轮

图5-9　平衡重式叉车实物结构图

3. 工作装置

叉车的工作装置主要是门架升降系统，是实现货物装卸、升降、拆垛和堆垛的作业装置，是叉车不可或缺的重要组成部分。其主要由门架、货叉、起升机构等组成。

4. 平衡重

平衡重又称平衡重块，是平衡重式叉车的重要组成部分，它的作用是平衡叉车载荷保持叉车纵向稳定性。平衡重安装于车架尾部，一般采用大六角螺栓或高强度螺栓连接。平衡重尾端下部设有牵引销轴，常采用生铁铸造或生铁皮包裹水泥制成。

5. 液压系统

叉车液压系统主要应用于门架起升机构、门架倾斜机构、制动系统、转向系统及其他辅助系统（如货叉调节液压缸），对于某些叉车型号，液压系统还用于液力变矩器和液力传动，如 CPCD 和林德的全液压叉车。叉车主要部件液压系统分布如图 5－10 所示，叉车主要液压管路布置如图 5－11 所示。

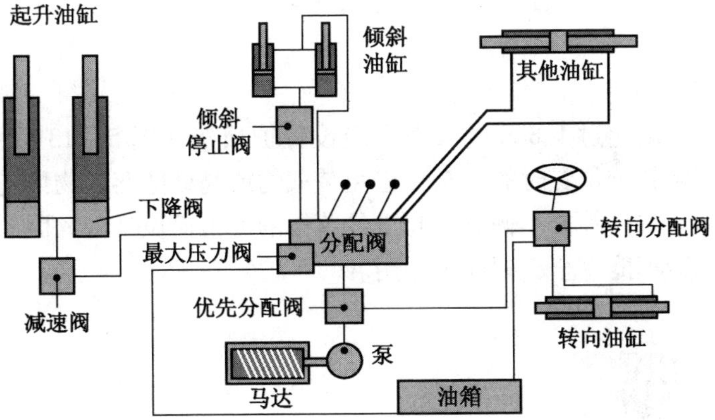

图 5－10 叉车主要液压系统分布图

二、叉车的基本安全保护装置

1. 挡货架

挡货架（图 5－12）一般安装于货叉架上部，挡货架是叉车的重要安全部件，是防止货物在货叉上堆码过高而门架后倾的情况下，防止货物向后翻倒而伤害驾驶员和损害货物。

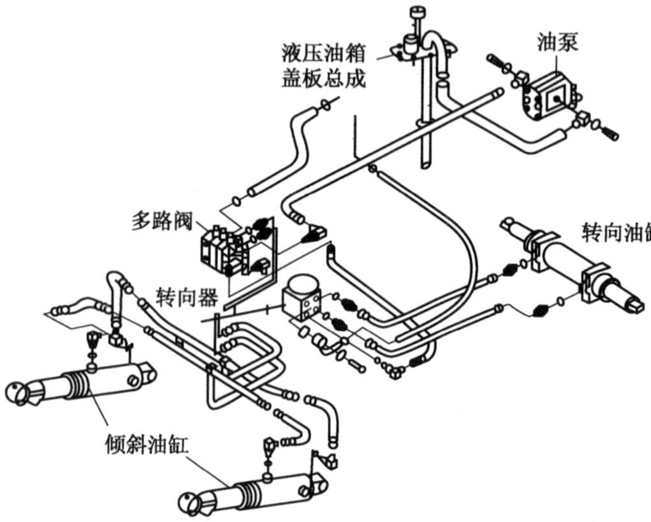

图5-11 叉车液压管路布置示意图

2. 护顶架

对于起升高度超过1.8 m的叉车，应设置护顶架（图5-13），其作用是保护司机处于正常驾驶位置时的安全，避免装载物或高处坠落的物体造成伤害。但护顶架并非防止重量等于车辆额定起重量落体的冲击而设计的，因此，护顶架对过大的下落载荷不能完全起到保护作用。

图5-12 叉车挡货架

图5-13 叉车护顶架

3. 安全带

对于座驾式车辆的驾驶员位置上应当配备安全带等防护约束装置，防止驾驶员从驾驶位置因车辆运行时而坠落。

4. 起升限位

叉车起升机构应当设置防止越程装置和限位器，避免货叉架和门架上的运动部件从门架上端意外脱落，造成坠落和伤害事故。叉车起升行程限位一般采用机械式限位，通常采用钢铁挡块焊接于门架上端与货叉架相适合的位置。

5. 区域警示灯

为了预防和减少叉车作业时的事故，目前很多制造厂家设计和安装了叉车作业区域警示灯，当叉车运行或作业时，区域警示灯会在前方或后方照射出叉车作业安全警示框，用以提醒和警示其他人员保持安全距离。平衡重式叉车区域警示灯一般安装于车辆护顶架后方，前移式叉车安装于车辆前方。

6. 作业报警装置

对于部分作业环境复杂，交叉作业、噪声较大的工作场所，叉车应配备作业报警装置，在叉车作业时，用以警示提醒周围的人员，保持安全距离。报警装置形式主要有声光报警和黄色、红色频闪警示灯。

7. 机动车排气火花熄灭器

机动车排气水花熄灭器又称阻火器。某些厂区虽然未有易燃易爆环境，但对工作设备要求较高，为防止叉车作业时排气管排出火花而造成安全隐患，会在叉车排气消音器尾端加装机动车排气火花熄灭器，对机动车废气进行冷却，从而达到熄灭废气中夹带的火花。机动车排气火花熄灭器一般有长期配装型和临时配装型。

8. 反向开关

反向开关也称紧急反向开关，主要应用于站驾式或步行式操作的托盘堆垛车、前移式叉车等，一般安装于操作手柄顶端。当按压此开关时，车辆将立即向前行驶，是防止叉车后退时，操作者被挤压在手柄和障碍物之间，造成挤压受伤危险。

9. 蓄电池锁定装置

蓄电池叉车在运行时，由于路面不平、起动不平稳或制动惯性，以及车辆发生事故倾翻时，蓄电池会受到颠簸、上下跳动、前后窜动和倾倒，为防止蓄电池在这些情况下发生危险，一般在蓄电池安装结构上予以保证，同时设置有蓄电池固定、锁定装置，使其保持在原有位置，保证蓄电池安装牢靠固定。

10. 液压系统安全保护装置

叉车在作业过程中，液压系统可能会由于超载或油缸到达终点而油路仍未切断，以及堵塞等引起压力升高，从而导致管路及接头，特别是油泵等液压元件损坏，因此，液压系统中必须设置安全保护装置，最常用的是溢流阀和安全阀。

第三节　叉车安全管理和操作技术

一、一般安全管理注意事项

（一）出车前注意事项

（1）检查使用环境是否满足要求，无影响作业操作的障碍或危险，作业区域是否视线清晰，光源充足。

（2）穿戴好劳保防护用品，有粉尘或空气浑浊场所，应佩戴护目镜和防尘口罩。

（3）带好作业人员证件、工作证和叉车钥匙。

（4）检查叉车周围是否存在影响行车的障碍物。

（5）检查叉车燃油余量；检查蓄电池电量是否充满，电解液液位是否在规定刻度。

（6）检查叉车变速箱润滑油是否在规定范围，制动液液位是否正常。

（7）检查液压油油位、各液压油缸和接头管路是否有渗漏。

（8）检查叉车轮胎气压是否充足，轮胎有无严重磨损，车轮螺母是否齐全紧固。

（9）检查灯光照明、警示灯是否正常。

（10）检查喇叭、警示音、倒车提示音是否正常。

（11）检查各仪表显示是否正常。

（12）检查转向系统功能是否灵活、顺畅。

（13）检查行车制动器的自由行程是否正常，驻车制动是否有效。

（14）检查离合器的自由行程是否正常，分离是否彻底。

（15）检查加速器踏板的自由行程是否正常，回位是否迅速。

（16）检查紧急断电装置是否正常有效。

（17）检查门架系统是否伸缩正常。

（18）检查起升链条是否受力均匀。

（二）行驶作业中注意事项

（1）行驶中注意力要集中，谨慎驾驶，小心操作，系好安全带。

（2）注意观察前方路况、行人、非机动和障碍物等。

（3）听察发动机或电动机行驶中是否有异响。

（4）严格遵守交通规则，注意有关指示标牌；禁止逆行，违规超车。

（5）行驶中禁止吸烟、嚼槟榔、吃东西、与人交谈、接打电话。

（6）行驶中密切关注仪表变化。

（7）行驶中合理使用灯光、转向灯、喇叭。

（8）行驶中注意装载物的高度，捆绑是否牢靠。

（9）行驶中如发生车辆故障应立即将车停放在安全地带，下车检查，消除隐患。

（10）行驶中应保持安全距离。

（三）收车后注意事项

（1）应将车停在车库或指定的安全区域，停车后，须拉紧驻车制动。应将货叉降至地面，各操纵装置归零。

（2）熄火后，拔下钥匙随身带走；蓄电池叉车应按下紧急断电装置。

（3）关闭照明灯光、转向灯。

（4）蓄电池叉车电量不足时，送到指定充电区域充电。

（5）做好车辆清洁工作。

（四）充电区域注意事项

（1）设置专用充电区域，并有明显标识；叉车、蓄电池、电解液、电源应分区，并有一定的安全距离。

（2）充电区城电压应稳定，可装稳压器。

（3）场地应通风良好。

（4）充电区域无易燃易爆、危险性物品。

（5）设置有足够的消防设施，不得采用消防水管和水剂灭火器，应采用干粉灭火器等电气设备扑救设备。

（6）应有清晰的操作规程、注意事项、警示标志。

（7）集中充电时应保持安全间隔。

（8）充电区域应有良好的接地。

（9）蓄电池不宜直接放置于地上充电，应放在绝缘架上或木架上等。

（10）应设有专人管理。

（五）车库安全要求

（1）车库应通风良好。

（2）车库内应无易燃易爆、危险性物品。

（3）车库内严禁烟火，并应配备足够的消防设施，如灭火器、消防沙等；张贴消防器材操作说明。

（4）车库要有照明。

（5）车库内严禁存放桶装燃油。

二、叉车的维护保养

叉车作为场（厂）内专用机动车辆的主力军，是工业生产活动中短距离运输、搬运的主要工具，其工作特点决定了其使用频繁、作业时间长、工作环境较差。基于这些因素，为保证叉车作业安全，延长其使用寿命等，应对叉车进行必要的维护。

（一）日常维护

叉车的日常维护应当至少每月进行一次，内容至少包括主要受力结构件、安全保护装置、工作机构、操纵机构、电气控制系统等的清洁、润滑、检查、调整、更换易损件和失效的零部件等。具体内容及要求见表5－1。

表5－1　叉车日常维护内容和要求

序号	项目及内容	技术要求
1	整车外观	整洁、各部件齐全完好，连接紧固，无缺损
2	车牌、铭牌载荷曲线图	固定牢靠，无损坏，字迹清晰，无遮挡
3	发动机、电动机铭牌	固定可靠，无缺损，字迹清晰
4	车架编号	无缺损，字迹清晰
5	主要受力结构件	清洁，无缺损，无缺件，无脱焊，无裂纹，无异常变形
6	门架前倾自锁装置	完好，有效
7	门架倾角自然变化量	符合标准值 根据GB/T 16178—2011《场（厂）内机动车辆安全检验技术要求》规定，对额定起重量为500～10000 kg的二级门架叉车，门架的自然变化量前10 min不应大于5°；对大于10000～45000 kg的二级门架叉车，货叉自然下滑量前10 min不应大于5°
8	下降限速装置	符合标准值（一般选用不大于600 mm/s） 根据GB/T 16178—2011《场(厂)内机动车辆安全检验技术要求》规定，叉车货叉的下降速度不应超过1000 mm/s；JB/T 2391—2007《50010000 kg平衡重式叉车技术条件》和JB/T 11037—2010《1000045000 kg平衡重式叉车技术条件》规定，叉车货叉的下降速度不应超过600 mm/s。如液压油缸与下降限速阀采用软管连接，还应检查防止爆管装置是否有效
9	防止越程装置（起升限位）	功能齐全有效，无缺损

表5-1（续）

<table>
<tr><th>序号</th><th>项目及内容</th><th>技　术　要　求</th></tr>
<tr><td>10</td><td>货叉</td><td>无裂纹，无变形，无切割焊接</td></tr>
<tr><td>11</td><td>货叉磨损</td><td>不应小于原值的90%</td></tr>
<tr><td>12</td><td>货叉两叉尖高度差</td><td>不应超过水平段长度的3%</td></tr>
<tr><td>13</td><td>防止货叉滑移装置（定位销）</td><td>装置齐全，固定牢固可靠，功能有效</td></tr>
<tr><td>14</td><td>货叉自然下滑量</td><td>符合标准值。对额定起重量为500～10000 kg的二级门架叉车，货叉自然下滑量前10 min不应大于100 mm；对大于10000～45000 kg的二级门架叉车，货叉自然下滑量前10 min不应大于200 mm</td></tr>
<tr><td>15</td><td>起升链条</td><td>完整，无裂纹，连接配合良好，工作灵敏可靠，磨损量不超过原值的5%</td></tr>
<tr><td>16</td><td>操纵手柄</td><td>装置齐全，无变形，操纵灵活，响应灵敏，工作可靠，释放时，能自动回到中位（零位）</td></tr>
<tr><td>17</td><td>开关装置</td><td>功能齐全有效，标识清晰</td></tr>
<tr><td>18</td><td>控制系统</td><td>功能齐全有效</td></tr>
<tr><td>19</td><td>紧急断电装置</td><td>装置齐全，可靠有效，采用急停形式的检查非自动复位功能</td></tr>
<tr><td>20</td><td>防挤压装置</td><td>步驾式叉车舵柄防挤压装置无缺损，功能有效</td></tr>
<tr><td>21</td><td>照明装置</td><td>部件齐全无缺损，功能可靠有效，照度符合要求</td></tr>
<tr><td>22</td><td>信号音响装置</td><td>可靠有效，音量符合要求。叉车喇叭声级应在90～115 dB范围内</td></tr>
<tr><td>23</td><td>仪表装置</td><td>功能齐全，显示正常，清晰准确，灵敏有效</td></tr>
<tr><td>24</td><td>行车制动性能</td><td>装置齐全，制动可靠有效，制动距离符合标准值。根据GB/T 18849—2011《机动工业车辆　制动器性能和零件强度》规定，行车制动器应使车辆在制动距离 S_0 内完全停止所测制动距离应符合下表：
考虑速度的制动距离
<table>
<tr><th rowspan="2">车辆速度/（km·h⁻¹）</th><th colspan="3">制动距离 S_0/m</th></tr>
<tr><th>$V \leq 5$</th><th>$5 < V \leq 13.4$</th><th>$V > 13.4$</th></tr>
<tr><td>额定起重量＜16000 kg</td><td>$S_0 < 0.15V + V^2/23.6$</td><td>$S_0 < 0.15V + V^2/4.7$</td><td>$S_0 < 0.15V + V^2/63.6$</td></tr>
<tr><td>额定起重量≥16000 kg</td><td>$S_0 < 0.15V + V^2/19.1$</td><td>$S_0 < 0.15V + V^2/3.8$</td><td>$S_0 < 0.15V + V^2/50.9$</td></tr>
</table>
例如：额定起重量为5000 kg的叉车，以15 km/h的速度制停，制动距离 $S_0 < 5.79$ m</td></tr>
</table>

表5-1（续）

序号	项目及内容	技　术　要　求
25	驻车制动性能	装置齐全，可靠有效，驻车能力符合标准值。根据 GB/T 18849—2011《机动工业车辆　制动器性能和零件强度》规定，在没有驾驶员协助的情况下，驻车制动器应能将车辆停放在下列坡度或制造商规定的坡度（取两者坡度的较大值）上：①托盘堆垛车、插腿式叉车、前移式叉车、三向堆垛车：10%；②其他坐驾式或站驾式车辆：15%
26	蓄电池绝缘	符合标准值 蓄电池绝缘电阻不小于 50 Ω 乘以蓄电池组额定电压数值，例如：48 V 蓄电池组的绝缘电阻应不小于 2400 Ω
27	电气部分绝缘	符合标准值 绝缘电阻不小于 1 kΩ 乘以蓄电池组额定电压数值

（二）全面检查

叉车的全面检查应至少每年进行一次，包括日常维护、自行检查内容。全面检查内容还应增加主要受力结构件的变形、裂纹、腐蚀，以及其焊缝、铆钉、螺栓等的连接，主要零部件的变形、裂纹、磨损，指示装置的可靠性和精度，电气系统和控制系统功能的检查，必要时，还需要进行相关的载荷试验。其主要内容和要求见表5-2。

表5-2　叉车全面检查内容和要求

序号	项目及内容	技　术　要　求
1	安全技术档案	档案齐全，按台建立；档案至少应包括如下内容： ① 制造随机资料：制造许可证明文件、产品合格证（含技术参数表）、使用维护说明书、总图、主要受力结构件图、制动原理图、电气原理图、液压系统原理图 ② 使用资料：使用登记资料（使用登记证、表）维护记录表、自行检查表、全面检查表、故障修理记录、事故记录、专项应急预案岗位职责、管理制度、操作规程 ③ 检验资料：首检报告、定检报告、安全评估报告等 ④改造资料：改造告知书、改造证明文件、改造质量合格证明等
2	使用及维护记录	内容完整，签字齐全，记录清晰
3	故障、事故记录	内容完整，签字齐全，记录清晰
4	主要受力构件	无变形，无裂纹，无腐蚀，连接可靠

表5-2（续）

序号	项目及内容	技　术　要　求
5	各机件连接情况	连接可靠，无松动
6	各机件、部件状况	机件完好，无严重磨损，无缺件，状况良好
7	电气和控制系统	功能齐全有效
8	指示装置	性能良好，指示正确准确
9	作业环境和行驶路段最大坡度检测	符合标准值和相关要求
10	防爆电器、部件检查	符合标准值
11	载荷试验	必要时进行相关试验

三、叉车安全操作技术

（一）装载

装载是叉车作业中的关键环节，且实际使用中装载频繁，驾驶员在装载过程中，应合理装载，熟知叉车载荷中心距、载荷曲线图。

1. 装载要求

（1）装载前应根据装载物形状和重心，适当调整两货叉之间的间距。

（2）装载物应置于两货叉中间，使货叉负荷均衡，不得偏斜，物品的一面应贴靠挡货架。

（3）严格遵守叉车标定的额定起重量。

（4）使用合适的托盘，托盘的尺寸和强度应适合装载物。

（5）必须将货物重心置于载荷中心距之内，并根据载荷曲线调整装载物重量。

（6）装载货物时，车速应缓慢平稳，注意车轮不要碾压物品、木垫等，以免碾压物飞起伤人。

（7）货叉装载货物时，货叉应尽可能深地叉入货物下面，还要注意货叉尖不能碰到其他货物或物件。

（8）装载物高度不得遮挡驾驶员的视线。

（9）装载过程中，必须用制动器制动叉车。

（10）装载散装货物或码放层数较多时，应将货物捆绑牢靠。

2. 装载原则

（1）货物重量不明不叉。

（2）货物捆绑不牢不叉。

（3）货物重量超出额定起重量不叉。

（4）货物超高、超宽无指挥不叉。

（5）货物偏载或单叉不叉。

3. 装载禁令

（1）禁止超标、超限装载。

（2）禁止单叉作业。

（3）禁止高速叉取货物和用货叉与坚硬物体碰撞。

（4）叉车作业时，禁止人员站在货叉上。

（5）叉车作业时，禁止人员站在货物周围，以免货物倒塌伤人。

（6）禁止用货叉举升人员从事高处作业，以免发生高处坠落事故。

（7）禁止用制动惯性溜放卸载物品。

（8）禁止在码头、岸边直接叉装船上货物。

（二）升降操作

货叉装载货物后，缓慢按压操纵装置的起升手柄，等货物起升后可再进一步按压手柄，加速起升速度，当快到达所需高度时，应稍松开手柄，以低速接近。为提高作业效率，也可踩加速踏板提高起升速度。下降时，抬起手柄，缓慢下降，下降时与发动机速度无关，主要依靠货物自重或液压缸升缩来控制，当发动机熄火后，货叉还可正常下降。货叉上升时，应注意起升极限，观察货物上方的安全空间，以防碰撞到上方障碍物或发生货物坠落；货叉下降时，如货叉已触到地面时，应立即松开手柄。货叉升降过程中，还要观察货物稳固情况和起升机构工作状态。

（三）倾斜操作

当需要叉取货物时，缓慢抬起倾斜操作手柄，将门架前倾至利于货叉伸入货物下方的适当高度，待货叉完全伸入货物底部叉取货物后，按压倾斜手柄，将门架后倾到适当位置，也可后倾至极限位置，以利于货物重心后移，保持叉车纵向稳定性。卸载货物时，应缓慢抬起手柄，注意货叉前倾的时机，以免货物滑落。

倾斜操作时，应尽量避免货叉与地面接触和摩擦，以减少货叉磨损，延长其使用寿命，当发动机熄火后，液压系统中的倾斜锁紧装置会将门架锁定在自锁状态，操纵倾斜手柄，液压油缸不会响应操作。门架前倾时，不可起升货物和开动叉车。当起升货物或开动叉车前，应将门架后倾到位，以稳定货物。叉货状态下，门架不可前倾；叉车处于倾斜状态时，不可装卸货物。

（四）拆垛作业

叉车起步后，操纵叉车行驶至货垛前面适当位置，一般可在 200 ~ 500 mm 距离内，操纵门架倾斜手柄，使门架处于垂直或货叉水平位置，目测货叉与货物底部（或托盘空隙）水平高度，操纵升降手柄，缓慢调整货叉高度，当货叉与货物底部间隙水平同高时，操纵叉车缓慢向前，使货叉完全进入货物底部，踩下制动踏板将车制停，操纵升降手柄微提货叉，待货物向上起升离开垛架后，再操作倾斜手柄，使门架后倾；到位后，操纵叉车后退离开货架，操纵升降手柄调整货叉高度，使其距离地面 200 ~ 300 mm，拆垛完成。

拆垛时，应集中注意力，小心操作，防止货叉损坏货物；拆垛时，必须确保货物排放得安全和稳固，货叉要准确地插入托盘，同时，货物重心与叉车中心应保持一致，进叉深度要足够，尽量将货物的一面贴在货叉垂直段和挡货架上。当货叉长度大于货物深度，进叉时，还要注意防止货叉穿过货物底部后损坏其他货物。禁止用货叉尖工作，不要用货叉尖挤推货物或提升货物。当用货叉尖提升货物时，可能会造成叉车或货物的抖动甚至倾覆。禁止用货叉扒拉货物，否则货物有可能会损坏或坠落。

（五）堆垛作业

叉车行驶到卸货位置，到达货架前应降低车速，操作货叉升降手柄，使货叉底部超过货垛或者货位的高度，操纵叉车缓慢向前行驶，目测货物下部与货垛上部对正，操作门架前倾至水平位置，将货物慢慢下降，直至货物完全堆放好；操纵升降手柄，将货叉脱离货物，再操纵叉车后退；操纵门架后倾、货叉下降至地面 200 ~ 300 mm 后，驶离货架继续工作。

堆垛时，卸载货物应对正货垛或货架的位置，不得偏斜放置，堆码不稳。当货物与货架未对正时，可操纵叉车后退，重新对正。货物放下后，须确认货叉脱开货物底部，以防货叉未脱离货物叉车后退时将货物带翻。进叉时，应小心缓慢操作，起升货叉时应制停叉车。

（六）货叉调整

为适应不同的货物尺寸、托盘的大小，需要经常调整两根货叉的间隔。调整货叉时先将定位销提起，然后移动货叉至所需位置，放下定位销锁定，如果不固定，在行驶过程中货叉易移动，货物就有可能落下，也可能挤碎货物。调整货叉间隔时，应保持两根货叉的对称性，不得将货叉移向一侧进行作业操作。调整时，注意不要挤压到手。

（七）带载行驶

叉车带载行驶时应遵循的原则：

（1）禁止货叉升高行驶，以免造成不稳定的状况，或造成叉车倾翻。

（2）禁止野蛮驾驶，嬉戏式驾驶。

（3）禁止突然起动、制动或转向。

（4）禁止快速操作液压控制手柄，要低速操作。

（5）带载行驶时，不要碾过散落在路面的物体或障碍物。

（6）当行驶经过其他叉车时，降低行驶速度并鸣喇叭。

（7）不要驶入松软地面，在潮湿、滑溜、不平或倾斜等路面上行驶时，应降低行驶速度确保门架与上方结构及出入口之间有一定的安全空间。

（8）带载行驶应注意行人、非机动车。

（9）带载行驶如装载物影响驾驶员视线，应有专人指挥。

第四节　叉车常见事故类型及防范

一、场（厂）内机动车辆作业中的危险性及危险要素

车辆伤害事故的原因主要是涉及人（驾驶员、行人、装卸工）、车（机动车与非机动车）、道路环境这三个因素。

（一）人的因素

（1）违章驾车。指事故的当事人，由于思想方面的原因而导致的错误操作行为，不按有关规定行驶，扰乱正常的场（厂）内搬运秩序，致使事故发生。例如，酒后驾车、疲劳驾车、非驾驶员驾车、超速行驶、争道抢行、违章超车、违章装载等原因造成的车辆伤害事故。

（2）疏忽大意。指当事人由于心理或生理方面的原因，没有及时、正确地观察和判断道路情况而造成失误。例如，车辆起步时不认真观察，也不鸣笛，放松警惕；驾驶和装卸过程中与他人谈话、嬉笑、打逗，操作不认真等。

（二）车况因素

（1）车辆的安全装置如转向、制动、喇叭、照明、后视镜和转向指示灯等不齐全有效。

（2）蓄电池车调速失控，造成“飞车”。

（3）翻斗车举升装置锁定机构工作不可靠。

（4）吊车起重机的安全防护装置，如制动器、限位器等工作不可靠。

（5）车辆维护修理不及时，带病行驶。

（三）环境因素

（1）道路条件差。厂区道路和厂房内，库房内通道狭窄、曲折，不但弯路多，而且急转弯多，再加之路面两侧的大量物品的堆放，占用道路，致使车辆通

行困难，装卸作业受限。在这种情况下，如驾驶员精神不集中或不认真观察情况，行车安全很难保证。

（2）视线不良。由于厂区内建筑物较多，特别是车间内、仓库之间的通道狭窄，且交叉和弯道较频繁，致使驾驶员在驾车行驶中的视距、视野大大受限，对于突然出现的情况，往往不能及时发现判断，措施不及时而导致事故。

（3）因风、雪、雨、雾等自然环境的变化。在恶劣的气候条件下驾驶车辆，造成刹车制动时摩擦系数下降，制动距离变长，或产生横滑。

（四）管理因素

（1）车辆安全行驶制度不落实。由于执行不力，落实不好，或有章不循，对发生的事故不去认真分析和处理，而是大事化小，小事化了，那么各种制度如同虚设，就会淡化驾驶员的安全意识，这是导致车辆伤害事故不断发生或重复发生的重要原因之一。

（2）管理规章制度或操作规程不健全。没有建立或健全以责任制为核心的各项管理规章制度，没有健全各种车型的安全操作规程，没有定期的安全教育和车辆维护管理制度等，都会造成驾驶员无章可循的局面或带来安全管理的漏洞，从而导致事故的发生。

（3）非驾驶员驾车。在车辆伤害事故中，由于无证驾车，造成事故率较高，主要是无证驾驶人法制观念淡薄，企业安全管理不到位，处理不严，违章指挥所致。

（4）车辆维修不及时。企业和驾驶员只顾用车，不进行维护、修理，致使车辆带病运行。

（5）交通信号、标志、设施缺陷。标志，信号、设施不全或设置不合格，驾驶员难以根据在不同的道路情况下或在某些特殊情况下，按具体要求做到谨慎驾驶，安全行车。

二、叉车常见事故类型及其处理和防范

（一）事故类型

叉车在行驶或作业的过程中，发生的车辆碰撞、轧辗、刮擦、倾翻、坠落、失火等事故，造成人员伤亡、车辆损坏或其他经济损失，称为车辆伤害事故。

1. 按事故类别分

按事故类别分为车辆伤害事故，物体打击事故，高处坠落事故，火灾、爆炸事故和其他事故。

（1）车辆伤害事故，如车辆碰撞、刮擦、倾翻、轧辗、挤压等。

（2）物体打击事故，如搬运、装卸、堆垛作业中造成物体打击。

(3) 高处坠落事故，如车辆或货物从 2 m 以上的地方坠落。

(4) 火灾、爆炸事故，如在运输、搬运装卸、堆过程中发生火灾、爆炸。

(5) 其他事故，含车辆机务事故。

2. 按事故时车辆的运动形式分

按事故时车辆的运动形式分为超车事故、会车事故、调头事故、倒车事故、停车事故、行驶事故。

(二) 事故应急处置

1. 车辆伤害事故的避让与处置

避让事故是一项复杂的驾驶技术，避让得当可减少事故损失，反之则加重损失。避让是否得当，主要取决于以下几点：

(1) 遇险情要冷静，采用正确的避让动作，往往能及时中止事故，使损失减少到最低限度。惊慌失措，稀里糊涂做出避让动作，虽能在事故后及时停车，但往往损失已经造成。

(2) 遇险情要先顾人后顾物，这是避让的一项基本原则。遇险情要就轻避重，在避让时要靠近损失或危害较轻的一方，避开损失或危害较大的一方。

(3) 遇险情要先顾方向后顾制动。因为在事故前正确转动转向盘可使车辆避开事故的冲突中心，有时甚至能脱离险情。

2. 车辆肇事后应做的工作

车辆伤害事故不是人们期望发生的，一旦发生事故，作为肇事车驾驶员和事故单位应做好以下工作，避免扩大损失。

1) 肇事后驾驶员应做的工作

车辆一旦肇事，驾驶员应努力减少事故损失，并配合有关部门及人员做好以下几项工作：

(1) 迅速停车，积极抢救伤者，并迅速向主管部门报告。对于触电者，应就地实施人工呼吸抢救；对于外伤出血者，应予以包扎止血。在事故现场进行简易紧急抢救后，要视伤者的具体情况，及时送往医院拖救。对于当场死亡人员，不得擅自将尸体及其肢体移位。

(2) 要抢救受损物资，尽量减轻事故的损失程度，设法防止事故扩大。若车辆或运载的物品着火，应根据火情、部位，使用相应的灭火器和其他有效措施进行补救。

(3) 在不妨碍抢救受伤人员和物资的情况下，尽最大努力保护好事故现场。对受伤人员和物资需移动时，必须在原地点做好标志；肇事车辆非特殊情况不得移位，以便为勘查现场提供确切的资料。肇事车驾驶员有保护事故现场的责任，直至有关部门人员到达现场。

（4）肇事驾驶员必须如实向事故调查人员汇报事故的详细经过和现场情况。

（5）肇事驾驶员应态度端正，从事故中吸取教训，切忌谎报，隐瞒事故情节和伪造、毁坏事故现场。

2）事故发生单位应做的工作

事故单位的领导或主管部门接到事故报告后，应立即赶赴事故现场，组织人员抢救伤员、物资，保护好事故现场，根据人员的伤势程度，按规定程序逐级上报。事故单位的安全管理部门可在不破坏事故现场的情况下，对现场初步进行勘察，尤其是在主要干路上易被破坏的痕迹，物品的勘察应抓紧进行。事故现场勘察主要有下列几项内容：

（1）保护现场，首先应观察事故现场全貌，确定现场范围，并将现场封闭，禁止车辆和其他无关人员入内。如现场有易燃、易爆或剧毒、放射性物品，应设法采取措施防止事态扩大。

（2）寻找证人。尽快查找到事故发生时的直接目击者、证人，获得第一手资料。

（3）看护肇事者，对重大伤亡事故的肇事者必须指定专人看护隔离，防止发生意外。

（4）绘制现场图。

（5）调查事故现场。

（6）对事故现场进行拍摄。

（三）事故的预防

要做好叉车的事故预防工作，应该从消除设备的不安全状态、人的不安全行为及管理缺陷这三个方面入手。

1. 加强特种设备安全管理工作，不断查找并消除管理缺陷

企业必须建立健全安全管理规章制度，并有效实施，做到有法可依，有章可循，同时必须使这些制度得到有效的实施。

企业要做好的工作主要包括：

（1）按照规定制定特种设备安全管理制度、岗位责任制度、作业人员管理等制度。

（2）制定详细的安全操作规程，并督促落实。

（3）按照规定和设备类型制定叉车应急专项预案，并定期进行演练，且做出记录。

（4）按照规定经常性、及时有效开展安全教育培训，并做好培训记录。

（5）建立特种设备台账及安全技术档案。

（6）建立日常维护保养、自行检查、全面检查制度，按周期进行维护保养，并做好记录，同时按时申报首次检验和定期检验。

（7）采购、使用取得许可生产并且经检验合格的特种设备。

（8）对作业环境进行必要的投入，完善标志标牌、警示标记等，保证作业区域通畅。

（9）制定作业人员检查制度，不定期对作业人员身体状况和操作情况进行检查，及时发现和纠正违章操作的行为。

（10）配备必要的安全劳保防护用品。

（11）加强作业人员、指挥人员的配合和协调。

（12）接受特种设备安全监督管理部门的安全监察和应急管理部门的监督检查。

2. 做好设备采购和使用维护管理工作

（1）按照国家法律法规及安全技术规范的要求，设备的生产单位应取得相应许可资质。

（2）按照特种设备安全技术规范的要求，设备型号规格应申请型式试验，并取得型式试验合格证。

（3）设备的生产过程中，产品设计应遵循安全可靠、操作方便的原则。

（4）设备的制造过程，应严格按照设计图纸，严格执行工艺规程，严格出厂检验。

（5）设备的材料应选用符合要求，具有标准规定的强度、韧性等力学性能参数，且应严格遵守设计部门制定的材料代用规定。

（6）生产厂家应收集场（厂）车在使用过程中的安全缺陷和有待改进的地方，及时考虑和修改设计。

（7）生产厂家对已经出厂、已经流入市场的场（厂）车，如发现有设计失误或设计缺陷应按相关规定予以召回，减少安全隐患。

（8）场（厂）车在改造时，应由制造单位或由取得相应许可资质的单位进行改造，施工改造单位对改造质量和安全负责。

（9）按照使用维护说明书的要求进行使用和维护，防止设备损伤、损坏或缩短使用寿命。

（10）做好使用前、使用中、使用后的设备检查，发现事故隐患，及时处理或上报，严禁设备带“病”运行。

（11）对定期自行检查和定期检验中发现的问题，及时进行整改。

3. 做好宣传教育，消除人的不安全行为

（1）作业人员必须经过培训合格，并取得市场监督管理部门核发的特种设备作业人员证，持证上岗作业。

（2）加强作业人员安全教育。广泛开展安全宣传教育活动，提升作业人员安全意识，加强作业人员职业道德素养。

（3）提高作业人员驾驶和操作水平。好的驾驶水平和良好的操作，是安全作业的前提，是预防事故的基础。叉车使用中，应保持良好的驾驶习惯和正确的操作方法。

（4）严格遵守安全操作规程，杜绝违章操作行为。不违章操作是保证安全的重中之重，是预防事故的关键。

（5）加强心理素质的培训。作业人员遇到险情、意外因素或不可控的情况，良好的心理素质可以控制和减少事故的发生。

三、典型事故案例

通过大量事故案例分析研究表明，大部分事故往往是由于驾驶员违章驾驶和思想麻痹造成的。为了从血的事故中吸取教训，避免重复性事故的发生，现将有关典型车辆伤害事故案例介绍如下。

（一）倾翻事故

1. 事故概况

2009 年 4 月 11 日 19 时 30 分左右，广西国花林业造纸有限责任公司车间职工覃某（无叉车作业证）驾驶一辆杭州牌叉车（未经注册登记），从 1 号纸机车间运送施胶剂空桶（约重 50 kg）到公司老料场废品堆放处。当时，叉车驾驶室旁边站着覃某的同车间工友覃某强，当叉车开到料场下坡处时，司机倒着叉车开下坡，到坡中间时，由于叉车太偏向坡边，叉车失去重心，右翻下坡，造成叉车上的覃某强被压致死，事故造成经济损失 2.2 万元。

2. 事故原因分析

1）直接原因

覃某无证操作，且在危险情况下采取的紧急措施处理不当是事故发生的直接原因。覃某是 1 号纸机操作工，无特种设备作业人员证，也无人安排其开叉车运桶，事发当日停电停机，为了完成领导安排的其他工作任务，图省时省力，擅自驾驶叉车运空桶。而 3 号叉车是新车，覃某在对该车的性能机构等不做了解的情况下便贸然驾驶，在倒车下坡过程中操作不当，导致叉车速度加快，慌忙中采取刹车措施不当，最终没有把车制停，造成侧翻。

2）间接原因

（1）持证叉车司机曾某违反公司关于叉车管理的相关规定，停车离开其所驾驶车辆时，违反公司《叉车管理标准作业程序》对叉车停车管理的规定，没有拔出车钥匙，是诱发事故发生的原因之一。

（2）死者覃某强缺乏安全意识和安全知识，思想上麻大意，违章搭乘叉车，叉车快要侧翻时应急处理不当，两手没有抓牢车上部件，导致其被甩离驾驶室而被叉车护顶架等构件压住致死。

（3）事故单位对职工的安全教育不够，对叉车违规使用、安全管理和检查工作没落实到位，对覃某无证驾驶的行为没有及时发现和制止，事故隐患没有得到及时消除。对叉车安全使用监管不到位，叉车未经注册登记便投入使用。

3. 经验教训

（1）加强对职工的安全教育工作，强化职工的安全意识，增强全体员工的自我防范意识，在司机离开叉车时拔下钥匙，做好保管和交接工作。

（2）建立和完善特种设备安全管理制度，并严格落实执行，做到持证上岗。

（3）加大安全生产监督检查工作力度，认真落实安全责任制度，彻底消除事故隐患。

（4）企业负责人及管理人员要牢固树立“安全第一、预防为主”的安全生产方针，强化自身的安全意识，提高自身的安全管理水平。

（二）挤压事故

1. 事故概况

2010 年 1 月 27 日 9 时 10 分，辽宁省朝阳市东风柴油机有限责任公司叉车司机李某在南厂区 102 粗加工厂房门前，驾驶叉车往货车上装缸体，将缸体置于缸体周转架上。当准备第二次装缸体时，发现位于货车中间位置用于固定货车厢板的插板妨碍装卸，李某在货叉装载悬空、未将叉车熄火的情况下，下车去拔货车车厢插板，叉车在无人驾驶的情况下向货车方向滑行，将叉车司机李某挤在缸体周转架与货车插板之间，厂内人员救出后送往医院经抢救无效死亡。

2. 事故原因分析

1）直接原因

叉车司机离开叉车时，货叉装载缸体悬空，发动机未熄火，手制动未起作用，造成叉车溜车使其被挤压致死。

2）间接原因

事故单位安全生产管理不到位，工人转岗安全教育、班前安全教育制度未能有效执行。

3. 经验教训

（1）司机离车时需将货叉下降着地，并将挡位手柄放在空挡位置，发动机熄火，并断开电源，将手制动拉好。在坡道停车时还需用垫块卡阻住车轮。

（2）使用单位应当建立岗位责任、隐患治理、应急救援等安全管理制度，制定操作规程，落实安全生产责任制，深入排查生产设备及安全管理方面存在的问题和隐患，切实加强对各类作业人员的安全教育培训，增强职工安全意识和防范意识，规范职工作业行为，杜绝违章作业，保证特种设备的安全运行。

（三）坠落事故

1. 事故概况

2008 年 12 月 29 日上午 10 时，天津东泰塑料金属制品有限公司职工丁某（无叉车作业证）驾驶空载的叉车（未经检验和注册登记）驶入退火车间后停住，不知是何原因，突然倒车，掉入已废弃未来得及填平的工作池内，丁某当场被砸成重伤，后经医院抢救无效死亡，事故造成经济损失 35 万元。叉车掉入池内状态为手刹在制动位置，挡位在倒挡位置，发动机仍在正常运转。

2. 事故原因分析

1）直接原因

（1）丁某安全意识淡薄，在未经有关部门培训考核取得作业人员证的情况下，长期违章驾驶叉车，属于无证驾驶。

（2）厂区设施存有缺陷，退火车间加热炉基坑未加装护栏，造成叉车驾驶人员无法准确判断车辆与基坑的安全距离，当叉车左后轮压到基坑边缘时，造成边沿砌砖破裂脱落，叉车失去平衡翻入坑内而酿成事故。

2）间接原因

（1）公司相关负责人默许丁某无证驾驶叉车的行为，客观上造成了这种违章行为的长期存在，是事故发生的主要原因。

（2）公司未建立健全各项安全管理制度和岗位责任制，特别是未建立特种设备安全管理制度，企业安全管理混乱，安全生产氛围和安全文化较差，职工遵章守纪的意识不强，是事故发生的潜在原因。

（3）公司对职工安全教育不到位，未对特种设备操作人员进行相关培训，职工安全意识淡薄，缺少对危险因素和危险行为的辨别能力，不能清楚认识违章作业的严重后果，最终导致事故的发生。

（4）该公司未建立隐患排查制度，公司领导和职工对长期存在的各种隐患熟视无睹，不能正确认识其危害性，未制定整改措施，最终引发该事故。

（5）叉车一直未到特种设备安全监督管理部门进行登记，未经检验合格，未建立特种设备安全技术档案，客观上造成相关部门无法对该设备进行有效监管，叉车安全性能难以保证，是引发事故的又一原因。

3. 经验教训

（1）事故单位应立即向当地特种设备监督管理部门申请，对该叉车进行检验，并建立特种设备安全技术档案，对在用特种设备进行经常性维护保养；并定期自行检查，做好记录，还应制定特种设备安全操作规程并监督执行。

（2）应立即建立健全各项安全管理制度和岗位责任制，特别应建立特种设备管理制度，规范特种设备管理，加强制度的落实，杜绝涉及特种设备的违章行为。

（3）应加强对职工的安全教育，定期对职工进行安全培训和考核，使职工了解基本的安全常识，加强对危害因素的辨识能力和应急处理能力，彻底消除违章现象。加强对特种设备作业人员的安全教育和培训，保证特种设备作业人员具备必要的特种设备安全作业知识，必须做到叉车作业人员持证上岗。

（4）应建立隐患排查制度，经常性对企业各个重点车间、部位、设备进行安全检查，保证安全防护设施、信号及安全警示标志齐全有效，并进行记录。安排专人对存在的隐患限期进行整改，由相关负责人进行验收。

（5）相关安全生产负责人认真汲取事故教训，深刻反思自身存在的问题，自觉加强对有关法律法规的学习，增强安全生产意识，以认真负责的态度对待安全生产工作，杜绝类似事故的发生。

（四）叉车撞人事故

1. 事故概况

2011 年 4 月 6 日 13 时 55 分天津东邦铅资源再生有限公司叉车司机赵某驾驶一个装满废弃电池壳的铁箱（也称铁盘，长 × 宽 × 高为 165 m × 1. 65 m × 13 m）的叉车，在厂房内北侧，从拆解车间行驶至竖楼熔炼车间（拆解车间与竖炉熔炼车间在同一厂房内，呈东、西布置），然后左转弯由北向南纵向行驶。在刚躲过一辆横向正在作业的装载机后，叉车上的铁箱将蹲在地上整理消防水带的清洁工董某撞倒并造成挤压，导致董某身受重伤，送医院经抢救无效后死亡。

2. 事故原因分析

1）直接原因

叉车司机赵某在视线被遮挡的情况下未按规定倒退行驶，在向前行进中，叉车所载货物将正蹲在地上作业的清洁工董某撞倒，并造成挤压导致其受伤致死。

2）间接原因

（1）事故单位作业现场的安全管理不到位，对叉车司机的违章作业未发现、未制止，对交叉作业缺乏安全管理，即在叉车行进通道的作业面上有叉车、装载机、清洁工的交叉作业，未安排专人负责指挥和协调。

（2）作业人员的安全教育培训不到位，日常的安全教育均以口头教育为主。

（3）企业安全管理制度不完善，未在生产作业区设置专门的人行通道和车行通道，未设置相应的安全警示标志，出现人、车混行的情况。

3. 预防同类事故发生的措施

（1）驾驶员装载货物导致不能确认前方视野时应倒退低速行驶，并安装后视镜及倒车警示器。

（2）加强作业人员的安全教育和培训，提高作业人员的安全责任意识，严禁违章作业。

（3）加强安全检查，及时纠正操作人员的违章行为，消除各类安全隐患。

（4）加强交叉作业的现场安全管理，对同一作业面上进行两种以上作业时，要安排专人进行统一指挥协调，建立万全的监管体制，完善安全管理制度，做到现场人车分流。

小结

本章主要介绍了场（厂）内机动车辆的基本知识、安全保护装置，以及安全管理和使用等安全技术，根据场（厂）内机动车辆分类和航天二院生产作业场所的工作特点，重点以叉车为例介绍了安全管理、维护保养和检查等安全要求，最后结合叉车典型事故案例，总结常见事故类型，分析事故原因，归纳事故处置和防范要点，减少事故的发生和损失。

思考与讨论

1. 场（厂）内机动车辆分为哪几类？
2. 叉车的分类都有什么？
3. 叉车行驶过程中应该注意哪些问题？
4. 叉车维护分为哪几种？
5. 叉车常见事故类型有哪些？

第六章　压力容器安全技术

第一节　压力容器基本知识

一、压力容器的概述

广义上讲，凡是器壁两侧存在一定压力差的所有密闭容器，均可称作压力容器。从这个意义上来说，小到日常生活中的真空罐头、汽水瓶、啤酒瓶、喷雾剂、喷发胶瓶、压力锅、液化石油气瓶等；大到工业生产中的各种承压设备、贮槽，交通运输的槽车、气瓶、贮罐等都属于压力容器。可以说压力容器遍布人们日常生活和国民经济各部门、各领域，现代社会生产、生活离不开压力容器。这里所讲的压力容器指的是狭义上的。根据《特种设备安全监察条例》规定狭义上的压力容器是指：盛装气体或者液体，承载一定压力的密闭设备，其范围规定为最高工作压力大于或者等于 0.1 MPa（表压），且压力与容积的乘积大于或者等于 2.5 MPa · L 的气体、液化气体和最高工作温度高于或者等于标准沸点的液体的固定式容器和移动式容器；盛装公称工作压力大于或者等于 0.2 MPa（表压），且压力与容积的乘积大于或者等于 1.0 MPa · L 的气体、液化气体和标准沸点等于或者低于 60 ℃液体的气瓶、氧舱等。压力容器的用途十分广泛，是在石油化学工业、能源工业、科研和军工等国民经济的各个部门都起着重要作用的设备。压力容器一般由筒体、封头、法兰、密封元件、开孔和接管、支座等六大部分构成容器本体（图 6 -1）。此外，还配有安全装置、表计及完全不同生产工艺作用的内件。压力容器由于密封、承压及介质等原因，容易发生爆炸、燃烧起火而危及人员、设备和财产的安全及污染环境的事故。目前，世界各国均将其列为重要的监检产品，由国家指定的特种设备安全监督管理部门，按照国家规定的法规和标准实施监督检查和技术检验。

二、压力容器的分类

压力容器种类繁多，不同类别的压力容器，其危险程度也不同。对于不同类别的压力容器采用不同的管理方法和管理措施，既可以节约成本，又可以确保压力容器的安全。压力容器的分类方法很多，从使用、制造和监检的角度分类，压力容器一般分为固定式和移动式两大类。

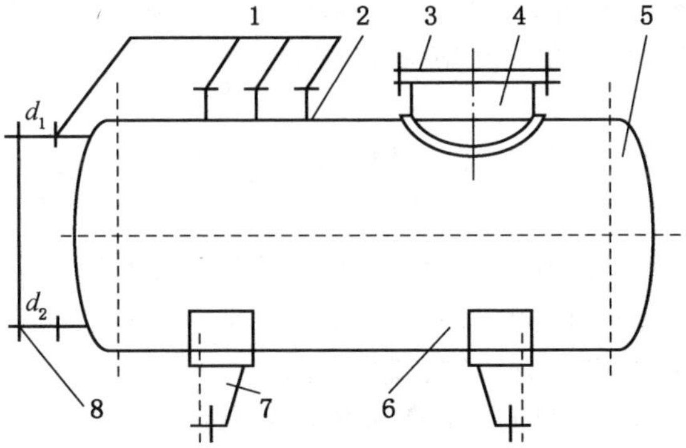

1—管口；2—开孔；3—法兰；4—人孔；5—封头；6—筒体；7—支座；8—液面计

图6－1 压力容器本体结构

1. 固定式

固定式压力容器是指安装在固定位置使用的压力容器，如图6－2所示。

图6－2 固定式压力容器

这类容器有固定的安装和使用地点，工艺条件和使用操作人员也比较固定，容器一般不单独装设，而是用管道与其他设备相连接。对于为了某一特定用途、仅在装置或者场区内部搬动、使用的压力容器，以及可移动式空气压缩机的储气罐等按照固定式压力容器进行监督管理。

固定式压力容器还可以按它的压力等级、介质特性和用途进行分类。

（1）按承受压力的等级分低压容器(代号L，0.1 MPa≤p＜1.0 MPa)、中压容器(代号M，1.6 MPa≤p＜10 MPa)、高压容器(代号H，10 MPa≤p＜100 MPa)和超高压容器（代号U，p≥100 MPa)。

（2）按盛装介质分非易燃、无毒；易燃或有毒；剧毒。

（3）压力容器按照在生产工艺过程中的作用原理，划分为反应压力容器、换热压力容器、分离压力容器、储存压力容器。具体划分如下：

① 反应压力容器（代号 R），主要是用于完成介质的物理、化学反应的压力容器，例如各种反应器、反应釜、聚合釜、合成塔、变换炉、煤气发生炉等。

② 换热压力容器（代号 E），主要是用于完成介质的热量交换的压力容器，例如各种热交换器、冷却器、冷凝器、蒸发器等。

③ 分离压力容器（代号 S），主要是用于完成介质的流体压力平衡缓冲和气体净化分离的压力容器，例如各种分离器、过滤器、集油器、洗涤器、吸收塔、铜洗塔、干燥塔、汽提塔、分汽缸、除氧器等。

④ 储存压力容器（代号 C，其中球罐代号 B），主要是用于储存或者盛装气体、液体、液化气体等介质的压力容器，例如各种型式的储罐。

在一种压力容器中，如同时具备两个以上的工艺作用原理时，应当按照工艺过程中的主要作用来划分。

2. 移动式

移动式压力容器属于贮运容器，它与贮存容器的区别在于移动式压力容器没有固定的使用地点，一般也没有专职的使用操作人员，使用环境经常变换，不确定因素较多，管理复杂，因此容易发生事故。移动式压力容器按其容积大小及结构形状可以分为气瓶（第七章有介绍）和槽车两类。

3. 简单压力容器

同时满足以下条件的压力容器称为简单压力容器：

（1）压力容器由筒体和平盖、凸形封头（不包括球冠形封头），或者由两个凸形封头组成。

（2）筒体、封头和接管等主要受压元件的材料为碳素钢、奥氏体不锈钢或者 Q345R。

（3）设计压力小于或者等于 1.6 MPa。

（4）容积小于或者等于 1 m^3。

（5）工作压力与容积的乘积小于或者等于 1 $MPa \cdot m^3$。

（6）介质为空气、氮气、二氧化碳、惰性气体、医用蒸馏水蒸发而成的蒸汽或者上述气（汽）体的混合气体；允许介质中含有不足以改变介质特性的油等成分，并且不影响介质与材料的相容性。

（7）设计温度大于或者等于 −20 ℃，最高工作温度小于或者等于 150 ℃。

（8）非直接受火焰加热的焊接压力容器（当内直径小于或者等于 550 mm 时允许采用平盖螺栓连接）。

危险化学品包装物、灭火器、快开门式压力容器不在简单压力容器范围内。

由于航天二院所属各单位移动式压力容器的使用只包含气瓶，对于气瓶的安全管理和操作技术在第七章有详细介绍，所以本章后续内容主要针对的是固定式压力容器。

三、压力容器代号标记法

压力容器注册编号的前3个代号的含义分别是：第一个代号表示容器的类别，用罗马数字Ⅰ、Ⅱ、Ⅲ分别表示第一、二、三类压力容器；第二个代号表示压力容器的压力等级，用英文字母L、M、H、U分别表示低压、中压、高压、超高压；第三个代号表示压力容器的用途，用英文字母R、E、S分别表示反应容器、换热容器、分离容器，C表示贮存容器，B表示球形贮槽，LA表示液化气体汽车罐车，LT表示液化气体铁路罐车。

例如：

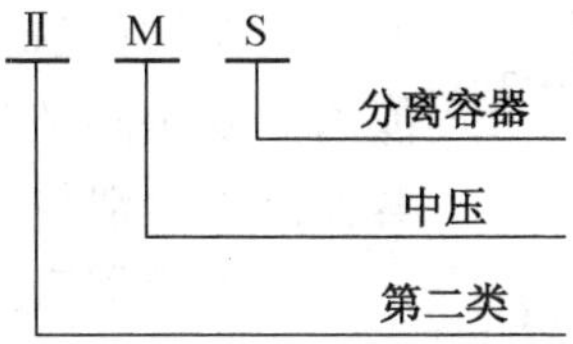

第二节　压力容器的安全附件

一、安全阀

安全阀是保证压力容器安全运行的超压泄放装置的一种，是压力容器采用最为普遍的重要安全附件之一。

安全阀按结构分为有弹簧式、杠杆式、脉冲式三种。压力容器通常采用弹簧式安全阀。弹簧式安全阀的加载装置是一个弹簧（图6－3），通过调节螺母，可以改变弹簧的压缩量，调整阀瓣对阀座的压紧力，从而确定其开启压力的大小。弹簧式安全阀的优点是结构紧凑，体积小，动作灵敏，对震动不太敏感。缺点是阀内弹簧受高温影响时，弹性有所降低。

安全阀的作用是当压力容器的压力超过某一规定值时，安全阀就迅速自动开启，排放压力容器内的工作介质，使压力降低，并发出响声，警告工作人员采取相应有效措施进行处理；当压力降到另一规定值时，安全阀自动关闭，使容器内压力始终保持低于允许范围的上限。

安全阀的选用根据压力容器的工艺条件及工作介质的特性等因素决定。安全阀的选用主要是确定型号和规格。

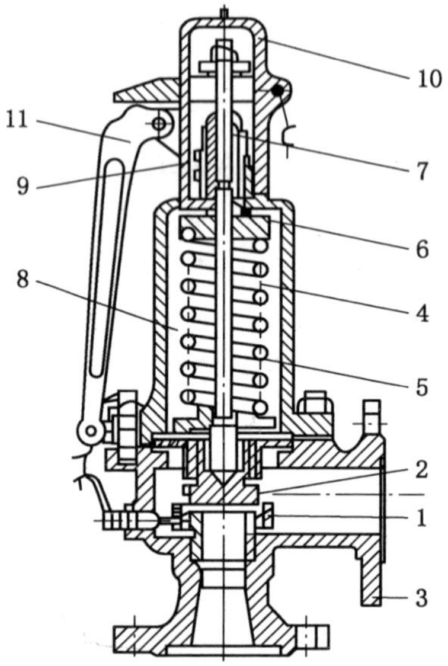

1—阀座；2—阀芯；3—阀体；4—阀杆；5—弹簧；6—弹簧压盖；7—调整螺栓；8—外罩；9—锁紧螺母；10—安全罩；11—手柄

图6-3　弹簧式安全阀

1. 型号的选择

对泄放量大的压力容器最好采用全启式安全阀；对工作压力稳定，泄放量少的压力容器宜采用微启式安全阀；空压机及其辅助压力容器一般可采用带扳手微启式不封闭型安全阀，泄放量大的辅助压力容器宜采用全启式安全阀。

2. 公称压力及密封压力等级的选定

选用安全阀的公称压力应根据压力容器的设计压力及温度选定，还应根据压力容器的最高工作压力选定安全阀的密封压力等级。

3. 公称通径的选用

安全阀的选用最关键的问题是它的排放能力。安全阀的排放能力必须大于等于压力容器的安全泄放量。

压力容器安全阀安装的原则：

（1）压力容器均应安装安全阀，若安装安全阀后不能可靠地工作时，应装设爆破片；若压力来源于压力容器外且得到可靠控制时，可以不直接安装在压力容器上，可安装在进口管道上，但排放量应满足要求。

（2）压力容器最高工作压力低于压力源时，在通向压力容器进口的管道上必须装设减压阀；如因介质条件影响减压阀可靠地工作，可用调节阀代替减压阀，在减压阀或调节阀的低压侧，必须装设安全阀及压力表。

（3）如采用系统的工作压力作为安全阀的开启压力时，则系统中每个压力容器的工作压力应与其相适应。即在设计压力容器时，该系统中有所有压力容器设计压力都不能低于系统上安全阀的开启压力；对在用压力容器，则该系统上安全阀的开启压力不能高于压力容器的设计压力。

（4）容器间若采用足够大直径的管道连接，且中间无阀门隔断，则可视为一个容器系统，只需在紧急危险的位置安装安全阀。

二、爆破片

爆破片是一种断裂型的安全泄压装置。爆破片具有密封性能好、反应动作快以及不易受介质中粘污物的影响等优点。但它是通过膜片的断裂来泄压的，所以泄压后不能继续使用，容器也被迫停止运行。因此它只是在不宜装设安全阀的压力容器上使用。容器在正常运行时，爆破片虽可能有较大的变形，但它能保持严密不漏。当容器超压时，膜片即断裂排泄介质，避免容器因超压而发生爆炸。爆破片的设计爆破压力一般为工作压力的 1.25 倍，对压力波动幅度较大的容器，其设计破裂压力还要相应大一些。但在任何情况下，爆破片的爆破压力都不得大于容器设计压力。爆破片常见的形式有平板型爆破片、普通正拱型爆破片（图 6 - 4）、开缝正拱型爆破片、反拱型爆破片（图 6 - 5）。

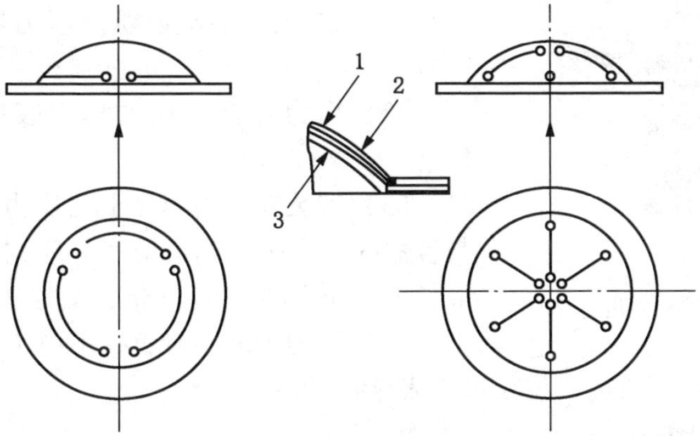

1—爆破膜；2—加强环；3—托架

图 6 - 4　普通正拱型爆破片

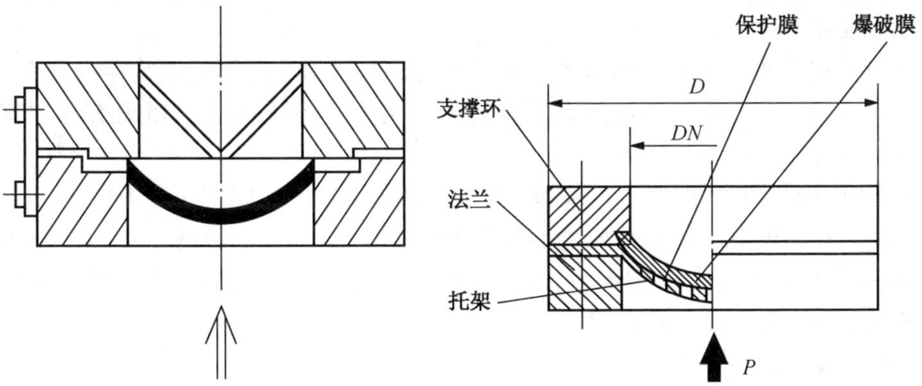

图 6 - 5　反拱型爆破片

三、压力表

压力表又称为压力计，是用于测量容器内工作介质压力的一种仪表。压力表的种类较多，有液柱式、弹性元件式、活塞式和电量式四大类。压力容器大多使用弹性元件式的单弹簧管压力表（图6－6）。单弹簧管式压力表的主要受压元件是一根横断面呈椭圆形或扁平形的中空弹簧弯管，一般用无缝黄铜管制成。

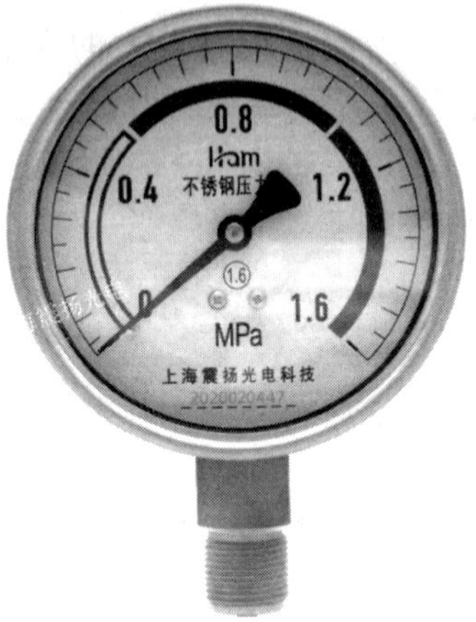

图6－6　弹簧式压力表

压力表选用、安装时应注意以下要求：

（1）选用压力表必须与压力容器的介质相适应。

（2）压力容器使用的压力表应具有足够的精度。

（3）安装在压力容器上的压力表，其量程应与容器的工作压力相适应。一般选用为压力容器最高工作压力的1.5～3倍，最好选用2倍。

（4）压力表的表盘直径不应小于100 mm，如果压力装得比较高或离岗位较远，表盘直径还应增大。

安装的要求如下：

（1）装设压力表的位置应有足够的照明和便于观察和清洗，且应避免受到辐射、冻结或震动的不利影响。

（2）压力表与压力容器之间，应装三通旋塞和针型阀；三通旋塞和针型阀上应有开启标记和锁紧装置；压力表与压力容器之间，不得连接其他用途的任何配件和接管。

（3）用于水蒸气介质的压力表，在压力表与压力容器之间应装存水弯管。

（4）用于具有腐蚀性或高黏度介质的压力表，在压力表与压力容器之间应装设有隔离介质的缓冲装置。

新压力表在安装前应进行校验，压力表的检定和维护应当符合国家计量部门和二院的有关规定，经调校压力表应在刻度盘上划出指示最高工作压力的红线（最高工作压力不得大于该压力容器的设计压力），校验合格后重新铅封并出具合格证明和注明下次校验日期。

四、液面计

液面（粉体物料的料面）计，用来指示容器内的液位高低使它控制在规定范围内，保证压力容器的安全运行。一般压力容器的液面显示多用玻璃板液面计，介质为粉体物料的压力容器，多数选用放射性同位素料位仪表，指示粉体的料位高度。

不论选用何种类型的液面计或仪表，均应符合相应法律法规规定的安全要求，主要有：

（1）应根据压力容器的介质、最高工作压力和温度正确选用。

（2）在安装使用前，低、中压容器用的液面计，应进行 1.5 倍液面计公称压力的水压试验；高压容器用的液面计，应进行 1.25 倍液面计公称压力的水压试验。

（3）盛装 0 ℃以下介质的压力容器上，应选用防霜液面计。

（4）寒冷地区室外使用的液面计，应选用夹套型或保温型结构的液面计。

（5）用于易燃、毒性程度为极度、高度危害介质的液化气体压力容器上的液面计，应采用板式或自动液面指示计，并应有防止泄漏的保护装置。

（6）要求液面指示平稳的，不应采用浮子（标）式液面计。

（7）液面计应安装在便于观察的位置，如液面计的安装位置不便于观察，则应增加其他辅助设施。大型压力容器还应有集中控制的设施和警报装置。液面计的最高和最低安全液位，应作出明显的标记。

（8）压力容器操作人员，应加强液面计的维护管理，经常保持完好和清晰。应对液面计实行定期检修制度，使用单位可根据运行实际情况，在管理制度中予以具体规定。

五、温度计

温度计是用来测量物质冷热程度的仪表，可用来测量压力容器介质的温度。对于需控制壁温的容器，还须装设测量壁温的温度计。

温度计的作用：

（1）测量容器内工作介质的温度，使工作介质温度控制在规定范围内，以满足生产工艺的需求。

（2）对需要控制压力容器壁温的装设温度计，进行壁温测量，防止壁温超过金属材料的允许壁温。

压力容器常用的温度计的型式有膨胀式温度、压力式温度计、热电偶温度计和电阻式温度计 4 种。

第三节　压力容器安全管理和操作技术

一、一般安全管理要求

压力容器作为一种比较容易发生事故，特别是事故危害比较大的特殊设备，必须按国家及航空航天的有关法规标准并结合实际使用状况进行严格的安全管理。

（一）内容与要求

正确和合理地使用压力容器是提高压力容器安全可靠性、保证压力容器安全运行的重要条件。为了实现压力容器管理工作的制度化、规范化，有效地防止或减少事故的发生，国务院、各相关管理部门颁布了一系列法规和规章制度，对压力容器安全使用管理提出了明确的内容与严格的要求。归纳起来，压力容器使用单位的安全管理工作主要包括以下内容。

（1）压力容器使用单位应当按照《特种设备使用管理规则》的有关要求，对压力容器进行使用安全管理，设置安全管理机构，配备压力容器安全总监、压力容器安全员和作业人员，办理使用登记，建立各项安全管理制度，制定操作规程，并且进行检查。

（2）使用单位应当按照规定在压力容器投入使用前或者投入使用后 30 日内，向所在地负责特种设备使用登记的部门（以下简称使用登记机关）申请办理“特种设备使用登记证”。

（3）使用单位必须参加压力容器使用前的相关管理工作，即参加压力容器由订购、设备进厂、安装、验收到试车、使用交接等压力容器交付使用前的全过程的每一项工作，并进行跟踪。

（4）使用单位应当建立基于压力容器安全风险防控的动态管理机制，结合本单位实际，落实自查要求，制定《压力容器安全风险管控清单》，建立健全日管控、周排查、月调度工作制度和机制。

（5）使用单位应做好压力容器运行、维修和安全附件校验及使用状况等情况的检查和记录，并逐级落实检查制度、岗位责任制和不正常情况的处理记录等。

（6）使用单位应做好压力容器检验、修理、改造和报废等的技术审查工作，并组织好实施和记录归档。压力容器的受压部件和重大修理、改造方案应报当地特种设备安全监督管理部门审查批准。

（7）使用单位必须做好压力容器事故的抢救、报告、协助调查和善后处理等工作。

（二）基础管理

压力容器的使用管理必须从基础管理抓起，实行规范管理和逐步实现标准化管理。基础管理主要包括压力容器的技术文件和技术档案等基础资料，压力容器的使用管理制度和操作规程等的管理。

1. 交付使用前的基础管理

压力容器使用前的基础管理工作包括压力容器的设计订货（或直接选购）、容器进厂、报装、安装、验收调试等全过程管理，在压力容器交付使用前，压力容器的使用单位应将由压力容器进厂到交付使用前的所有技术资料，包括随机资料、报装资料、安装验收资料及各种原始记录收集整理并归档。压力容器到货后应对到货的压力容器进行检查验收。

2. 技术档案

压力容器的技术档案是压力容器设计、制造、使用、检修全过程的文字记载，它向人们提供各过程的具体情况，是正确合理使用压力容器的主要依据，通过它可以使容器的管理和操作人员掌握设备的结构特征、介质参数和缺陷的产生及发展趋势，防止由于盲目使用而发生事故；另外，档案还可以用于指导容器的定期检验以及修理、改造工作，也是容器发生事故后，用以分析事故原因的重要依据之一。因此，建立压力容器技术档案是安全技术管理工作的一个重要基础工作，压力容器应逐台建立技术档案。技术档案包括容器的原始技术资料、使用情况记录和容器安全附件技术资料等。

3. 使用登记

压力容器的使用单位，在压力容器投入使用前，应按《压力容器使用登记管理规则》的要求，向地、市级质监部门锅炉压力容器安全监察机构申报和办理使用登记手续，取得使用证，才能将容器投入运行。

（三）安全使用管理制度

压力容器使用管理的各项规章制度，是确保压力容器安全使用的基本保证。压力容器的使用单位应根据企业本身的生产特点，制定相应的压力容器安全管理制度。

1. 岗位责任制

岗位责任制是企业内部最基本的管理制度之一，包括从企业主要责任人、管理机构负责人、管理人员、车间管理、各部门的有关岗位直至操作人员的各自岗位职责和工作职责。通过制定、明确岗位责任制，有利于分清工作职责，确定各自的工作范围和要求。

（1）压力容器使用单位主要负责人对本单位压力容器使用安全全面负责，建立并落实压力容器使用安全主体责任的长效机制。压力容器安全总监和压力容器安全员应当按照岗位职责，协助单位主要负责人做好压力容器使用安全管理工作。

（2）每台压力容器都应有专职的操作人员。压力容器专职操作人员应具有保证压力容器安全运行所必需的知识和技能，并经过技术考试合格。

2. 基础工作管理制度

压力容器选购、验收、安装调试、使用登记、备件管理、操作人员培训及考核、技术档案管理和统计报表等制度，称为基础工作管理制度。这些制度的贯彻执行对搞好压力容器使用管理基础工作，提供压力容器使用依据起到积极的作用。

3. 安全操作规程

为确保压力容器的正确操作、合理使用，压力容器的使用单位必须制定压力容器安全操作规程，以防止盲目操作而发生事故。若压力容器是处于一个整体生产系统中而非单台独立生产，其安全操作规程可贯穿到岗位操作法（岗位操作规程）中，但无论是压力容器安全操作规程还是岗位操作法，其编制必须在压力容器的安全技术性能范围，根据生产工艺的要求而定。压力容器随机资料有使用说明书的，还必须结合使用说明的要求编制。

对二、三类压力容器操作岗位还应包括事故应急预案的具体操作步骤和要求。

二、压力容器的维护保养和检查

压力容器的维护保养是确保压力容器的运行满足生产工艺要求的一个重要环节，由于容器内部介质压力、温度及化学特性等有变化，流体流动时的磨损、冲刷以及外界载荷的作用，这些必然会使压力容器的技术状况不断发生变化，不可避免地产生一些不正常的现象。例如，紧固件的松动、容器内外表面的腐蚀、磨损、仪器仪表及阀门的损坏、失灵等。所以，做好容器的维护保养和检查工作，使容器在完好状态下运行，就能防患于未然，提高容器的使用效率，延长使用寿命。

（一）使用期间

压力容器使用期间的日常维护保养工作的重点是防腐、防漏、防露、防震，以及仪表仪器、电气设施及元件、管线、阀门、安全附件的日常维护。

1. 消除压力容器的跑、冒、滴、漏

压力容器的连接部位及密封部位由于磨损或密封面损坏，或因热胀冷缩、设备振动等原因使紧固件松动或预紧力减小造成连接不良，经常会产生跑、冒、滴、漏现象，并且这一现象经常会被忽视而造成严重后果。由于压力容器是带压设备，这种跑、冒、滴、漏若不及时处理会迅速扩展或恶化，不仅浪费原料、能源、污染环境，还常引起器壁穿孔或局部加速腐蚀。因此，要加强巡回检查，注意观察，及时消除跑、冒、滴、漏现象。

2. 保持完好的防腐层

工作介质对材料有腐蚀性的容器，应根据工作介质对容器壁材料的腐蚀作用，采取适当的防腐措施。防腐层一旦损坏，工作介质将直接接触器壁，局部加速腐蚀会产生严重的后果。所以必须使防腐涂层或衬里保持完全好，这就要求容器在使用过程中要经常检查防腐层有无脱落，检查衬里是否开裂或焊缝处是否有渗漏现象。

3. 保护好保温层

对于有保温层的压力容器要检查保温层是否完好，防止容器壁裸露。因为保温层一旦脱落或局部损坏，不但会浪费能源，影响容器效率，而且容器的局部温差变化较大，产生温差应力，引起局部变形，影响正常运行。

4. 减少或消除容器的振动

容器的振动对其正常使用影响也是很大的。振动不但会使容器上的紧固螺钉松动，影响连接效果，或者由于振动的方向性，使容器接管根部产生附加应力，引起应力集中，而且当振动频率与容器的固有频率相同时，会发生共振现象，造成容器的倒塌。因此当发现容器存在较大振动时，应采取适当的措施，如隔断振源、加强支撑装置等，以消除或减轻容器的振动。

5. 维护保养好安全装置

维护保养好安全装置，使它们始终处于灵敏准确、使用可靠状态。这就要求安全装置和计量仪表必须定期进行检查、试验和校正，发现不准确或不灵敏时，应及时检修和更换。安全装置安全附件上面及附近不得堆放任何杂物，必须保持各安全装置安全附件外表的整洁。压力容器的安全装置不得任意拆卸或封闭不用，没有按规定装设安全装置的容器不能使用。

（二）停用期间

对于长期停用或临时停用的压力容器，也应加强维护保养工作。停用期间保养不善的容器甚至比正常使用的容器损坏更快。

压力容器运行中的检查是压力容器运行安全的关键保障，通过对压力容器运行期间的经常性检查，使压力容器运行中出现的不正常状态能得到及时的发现，达到这一要求，必须把握好压力容器运行中检查的主要内容。

1. 工艺条件

工艺条件方面的检查主要是检查操作压力、操作温度、液位是否在安全操作规程规定的范围内；检查工作介质的化学成分，特别是那些影响容器安全（如产生应力腐蚀、使压力或温度升高等）的成分是否符合要求。

2. 设备状况

设备状况方面的检查主要是检查容器各连接部分有无泄漏现象；容器有无明显的变形、鼓包；容器外表面有无腐蚀，保温层是否完好，容器及其连接管道有无异常振动、磨损等现象；支撑、支座、紧固螺栓是否完好，基础有无下沉、倾斜；重要阀门的“启”“闭”与挂牌是否一致，联锁装置是否完好。

3. 安全装置

安全装置方面的检查主要是检查安全装置以及与安全有关的器具是否保持良好状态。

1）安全阀检查

安全阀检查至少包括以下内容和要求：

（1）选型是否正确。

（2）是否在校验有效期内使用。

（3）弹簧式安全阀的调整螺钉的铅封装置是否完好。

（4）如果安全阀和排放口之间装设了截止阀，截止阀是否处于全开位置及铅封是否完好。

（5）安全阀是否有泄漏。

（6）放空管是否通畅，防雨帽是否完好。

安全阀检查时，凡发现下列情况之一的，使用单位应当限期改正并且采取有效措施确保改正期间的安全，否则暂停该压力容器使用：①选型错误的；②超过校验有效期的；③铅封损坏的；④安全阀泄漏的。

安全阀一般每年至少校验一次，符合《固定式压力容器安全技术监察规程》校验周期延长的特殊要求，经过使用单位安全管理负责人批准可以按照其要求适当延长校验周期。

安全阀需要进行现场校验和压力调整时，使用单位压力容器安全管理人员和安全阀检修（校验）人员应当到场确认。调校合格的安全阀应当加铅封。校验及调整装置用压力表的精度不得低于1级。在校验和调整时，应当有可靠的安全防护措施。

2）爆破片装置检查

爆破片装置的检查至少包括以下内容：

（1）爆破片是否超过规定使用期限。

（2）爆破片的安装方向是否正确，产品铭牌上的爆破压力和温度是否符合运行要求。

（3）爆破片装置有无渗漏。

（4）爆破片使用过程中是否存在未超压爆破或者超压未爆破的情况。

（5）与爆破片夹持器相连的放空管是否通畅，放空管内是否存水（或者冰），

防水帽、防雨片是否完好。

（6）爆破片和压力容器间装设的截止阀是否处于全开状态，铅封是否完好。

（7）爆破片和安全阀串联使用，如果爆破片装在安全阀的进口侧，检查爆破片和安全阀之间装设的压力表有无压力显示，打开截止阀检查有无气体排出。

（8）爆破片和安全阀串联使用，如果爆破片装在安全阀的出口侧，检查爆破片和安全阀之间装设的压力表有无压力显示，如果有压力显示应当打开截止阀，检查能否顺利疏水、排气。

爆破片装置检查时，凡发现下列情况之一的，使用单位应当立即更换爆破片装置并且采取有效措施确保更换期间的安全，否则暂停该压力容器使用：

（1）爆破片是否超过规定使用期限。

（2）爆破片安装方向错误的。

（3）爆破片标定的爆破压力、温度和运行要求不符的。

（4）爆破片使用中超过标定爆破压力而未爆破的。

（5）爆破片和安全阀串联使用时，爆破片和安全阀之间的压力表有压力显示或者截止阀打开后有气体漏出的。

（6）爆破片单独作泄压装置或者爆破片与安全阀并联使用时，爆破片和压力容器间的截止阀未处于全开状态或者铅封损坏的。

（7）爆破片装置泄漏的。

3）压力表检查

压力表的检查至少包括以下内容：

（1）压力表的选型是否符合要求。

（2）压力表的定期检修维护、检定有效期及其封签是否符合规定。

（3）压力表外观、精度等级、量程是否符合要求。

（4）在压力表和压力容器之间装设三通旋塞或者针形阀时，其位置、开启标记及其锁紧装置是否符合规定。

（5）同一系统上各压力表的读数是否一致。

压力表检查时，发现下列情况之一的，使用单位应当限期改正并且采取有效措施确保改正期间的安全运行，否则停止该压力容器使用：

（1）选型错误的。

（2）表盘封面玻璃破裂或者表盘刻度模糊不清的。

（3）封签损坏或者超过检定有效期限的。

（4）表内弹簧管泄漏或者压力表指针松动的。

（5）指针扭曲断裂或者外壳腐蚀严重的。

（6）三通旋塞或者针形阀开启标记不清或者锁紧装置损坏的。

4）液位计检查

液位计的检查至少包括以下内容：

（1）液位计的定期检修维护是否符合规定。

（2）液位计外观及其附件是否符合规定。

（3）寒冷地区室外使用或者盛装 0 ℃以下介质的液位计选型是否符合规定。

（4）介质为易爆、毒性危害程度为极度或者高度危害的液化气体时，液位计的防止泄漏保护装置是否符合规定。

液位计检查时，发现下列情况之一的，使用单位应当限期改正并且采取有效措施确保改正期间的安全，否则停止该压力容器使用：

（1）选型错误的。

（2）超过规定的检修期限的。

（3）玻璃板（管）有裂纹、破碎的。

（4）阀件固死的。

（5）液位指示错误的。

（6）液位计指示模糊不清的。

（7）防止泄漏的保护装置损坏的。

5）测温仪表检查

测温仪表的检查至少包括以下内容：

（1）测温仪表的定期校验和检修是否符合规定。

（2）测温仪表的量程与其检测的温度范围是否匹配。

（3）测温仪表及其二次仪表的外观是否符合规定。

测温仪表检查时，凡发现下列情况之一的，使用单位应当限期改正并且采取有效措施确保改正期间的安全，否则停止该压力容器使用：

（1）仪表量程选择错误的。

（2）超过规定校验、检修期限的。

（3）仪表及其防护装置破损的。

检查工作完成后，检查人员根据实际检查情况出具检查报告，作出以下结论意见：

（1）符合要求，是指未发现或者只有轻度不影响安全使用的缺陷，可以在允许的参数范围内继续使用。

（2）基本符合要求，是指发现一般缺陷，经过使用单位采取措施后能保证安全运行，可以有条件的监控使用，结论中应当注明监控运行需要解决的问题及其完成期限。

（3）不符合要求，是指发现严重缺陷，不能保证压力容器安全运行的情况，不允许继续使用，应当停止运行或者由检验机构进行进一步检验。

三、压力容器安全操作技术

压力容器的最终目的和其价值的体现在于使用，而压力容器的安全操作是保证压力容器安全运行的重要环节。压力容器的使用单位必须做到正确合理地操作和使用压力容器，抓好压力容器的基础管理和维护保养工作。压力容器安装竣工调试验收后，到当地安全监察机构办理了使用登记手续取得压力容器使用证，即可投入使用。压力容器一经投入使用，往往会因工作条件的苛刻、操作不当、维修不力等原因，引起材质劣化、设备故障而降低其使用性能，甚至发生意外事故。因此，压力容器的安全问题与容器使用的关系极大。做好投用前的准备工作，对压力容器顺利投入运行保证整个生产过程安全有着重要意义。

（一）投用

1. 准备工作

压力容器投用前，使用单位应做好基础管理（软件）、现场管理（硬件）的运行准备工作。

1）基础管理工作

（1）规章制度。压力容器运行前必须有包括该容器的安全操作规程（或操作法）和各种管理制度，有该容器明确的安全操作要求，使操作人员做到操作时有章可依、有规可循。初次运行还必须制定试运行方案。

（2）人员。压力容器运行前必须根据工艺操作的要求和确保安全操作的需要而配备足够的压力容器操作人员和压力容器管理人员。

（3）设备。压力容器投用前，容器必须是办理好报装手续后由具有资质的施工单位负责。

（4）施工。经竣工验收，办理使用登记手续，取得质监部门发给的压力容器使用证。

2）现场管理工作

现场管理工作主要包括对压力容器本体附属设备、安全装置等进行必要的检查。

2. 开车与试运行

压力容器试运行前的准备工作做好后，进入开车与试运行程序，操作人员进入岗位现场后必须按岗位的规定穿戴各种防护用品和携带各种操作工具，企业负责安全生产的部门或相应管理人员应到场监护，发现异常情况及时处理。

（二）运行的控制

对压力容器运行的控制主要是对运行过程中工艺参数的控制，即压力、温度、流量、液位、介质配比、介质腐蚀性、交变载荷等的控制。压力容器运行的控制有手动控制（简单的生产系统）和自动控制联锁（工艺复杂要求严格的系统）。

（三）操作的安全注意事项

尽管压力容器的技术性能、使用工况不尽一致，却有共同的操作安全要求，操作人员必须按规定的程序进行操作。压力容器操作的安全注意事项如下。

1. 平稳操作

压力容器开始加载时，速度不宜过快，特别是承受压力较高的容器，加压时需分阶段进行并在各个阶段保持一定时间后再继续增加压力，直至规定压力。容器运行期间，还应尽量避免压力、温度的频繁和大幅度波动。因为压力、温度的频繁波动，会造成容器的疲劳破坏。

2. 严格控制工艺指标

压力容器操作的工艺指标是指压力容器各工艺参数的现场操作极限值，一般在操作规程中有明确的规定，因此，严格执行工艺指标可防止容器超温、超压运行。

3. 严格执行检修办证制度

压力容器严禁边运行边检修，特别是严禁带压拆卸、拧紧螺栓。压力容器出现故障时，必须按规程停车卸压并根据检修内容和检修部位、介质特性等做好介质排放、置换降温、加盲板切断关联管道等的检修交出处理程序，并办理检修交出证书，注明交出处理内容和已处理的状况，并对检修方法和检修安全提出具体的要求和防护措施。压力容器的检修交出工作完成后，具体处理的操作者必须签名，并经班组长或车间主任检查后签名确认，交检修负责人执行。重大的检修交出，或安全危害较大的压力容器检修交出，还需经压力容器安全总监或企业主要负责人审核。

4. 坚持容器运行巡检和实行应急处理预案制度

容器运行期间，除了严格执行工艺指标外，还必须坚持压力容器运行期间的现场巡回检查制度。只有通过现场巡查，才能及时发现操作中或设备上出现的跑、冒、滴、漏、超温、超压、壳体变形等不正常状态，才能及时采取相应的措施进行消除或调整甚至停车处理。此外，还应实行压力容器运行应急处理预案并进行演练，将压力容器运行过程中可能出现的故障、异常情况等做出预料并制定相应防范和应急处理措施，以防止事故的发生或事态的扩大。

（四）停止运行

压力容器的运行形式有两种，即连续式运行和间歇式运行。连续式运行的压力容器多为连续生产系统中的设备，受介质特性和关联的设备、装置的制约，这类容器不能随意地运行或停止运行。间歇式运行的压力容器是每次按一定的生产量来生产或投料的压力容器系统或单台压力容器。但连续式运行或间歇式运行的压力容器在停止运行时均存在正常停止运行和紧急停止运行两种情况。

压力容器停止运行与一般的机械设备不同，必须要完成一定的停车操作步骤，包括泄放容器内的气体或其他物料使容器内压力下降，并停止向容器内输入气体或其他物料。

1. 正常停止运行

由于容器及设备按有关规定要进行定期检验、检修、技术改造，因原料、能源供应不及时，内部填料定期处理；更换或因工艺需要采取间歇式操作方法等正常原因而停止运行，均属正常停止运行。压力容器及其设备的停运过程是一个变操作参数过程。在较短的时间内容器的操作压力、操作温度、液位等不断变化，要进行切断物料、返出物料、容器及设备吹扫、置换等大量操作工序。为保证操作人员能安全合理地操作，容器设备、管线、仪表等不受损坏，正常停运过程中应注意以下事项。

（1）编制停运方案。停运操作中，操作人员开关阀门烦繁，多方位管线检查作业，劳动强度大，若没有统一的停工方案，易发生误操作，导致设备事故，严重时会危及人身安全。

（2）停运中降温、降压速度的控制。停运中应严格控制降温、降压速度，因为急剧降温会使容器壳壁产生疲劳现象和较大的温度压力，严重时会使容器产生裂纹、变形、零部件松脱、连接部位泄漏等现象，以致造成火灾，爆炸事故。

（3）清除剩余物料。容器内剩余物料多为有毒、易燃、腐蚀性介质，若不清理干净，操作人员无法进入容器内部检修。

（4）准确执行停运操作。停运操作不同于正常操作，要求更加严格、准确无误。开关阀门要缓慢，操作顺序要正确。

（5）停运操作期间，容器周围应杜绝一切火源。要清除设备表面、扶梯、平台、地面等处的油污物等。

2. 紧急停止运行

压力容器在运行过程中，如果突然发生故障，严重威胁设备和人身安全时，操作人员应立即采取紧急措施，停止容器运行。

第四节　压力容器常见事故类型及其防范

一、压力容器的危险性及危险要素

压力容器是承受压力的密闭容器。有些压力容器盛装可燃介质，一旦发生泄漏，这些可燃气体会立即与空气混合并达到爆炸极限，若遇到火源即可导致二次爆炸、燃烧等连锁反应，造成特大的火灾、爆炸和伤亡事故。

在相同的条件下，压力容器的事故率要比其他机械设备高得多。本来压力容器大多数是承受静止而比较稳定的载荷，并不像一般转动机械那样容易因过度磨损而失效，也不像高速发动机那样因承受高周期反复载荷而容易发生疲劳失效。究其原因，危险要素主要有以下几方面。

1. 技术条件

（1）使用条件比较苛刻。压力容器不但承受大小不同的压力载荷（在一般情况下还是脉动载荷）和其他载荷，而且有的还是在高温或深冷的条件下运行，工作介质又往往具有腐蚀性，工况环境比较恶劣。

（2）容易超负荷。容器内的压力常常会因操作失误或发生异常反应而迅速升高，而且往往在尚未发现的情况下，容器即已破裂。

（3）局部应力比较复杂。例如：在容器开孔周围及其他结构不连续处，常会因过高的局部应力和反复的加载卸载而造成疲劳破裂。

（4）常隐藏有严重缺陷。焊接或锻制的容器，常会在制造时留下微小裂纹等严重缺陷，这些缺陷若在运行中不断扩大，或在适当的条件（如使用温度、工作介质性质等）下都会使容器突然破裂。

2. 使用管理

（1）使用不合法购买的一些没有压力容器制造资质的工厂生产的设备作为承压设备，并非法当压力容器使用，以避开报装、使用注册登记和检验等安全监察管理，留下无穷后患。

（2）容器虽合法而管理操作不符合要求，企业不配备或缺乏懂得压力容器专业知识和了解国家对压力容器的有关法规、标准的技术管理人员。压力容器操作人员未经必要的专业培训和考核，无证上岗，极易造成操作事故。

（3）压力容器管理处于“四无”状态，即一无安全操作规程，二无建立压力容器技术档案，三无压力容器持证上岗人员和相关管理人员，四无定期检验管理。压力容器和安全附件处于盲目使用、盲目管理的失控状态。

(4) 擅自改变使用条件，擅自修理改造，经营者无视压力容器安全，为了适应某种工艺的需要而随意改变压力容器的用途和使用条件，甚至带“病”操作，违规超负荷超压生产等，造成严重后果。

二、压力容器常见事故类型及其处理和防范

一般压力容器出现事故的主要原因是以下情况造成的：容器结构不合理、设计计算有误、粗制滥造、错用材料、强度不足等，尤其是焊缝质量低劣，没有执行严格的质量管理制度，安装不符合技术要求，安装附件规格不对、质量不好，以及在运行中超压、超负荷、超温，没有执行定期检验制度等，使压力容器发生失效，导致事故发生。对事故进行技术分析时，要找出主要原因和直接原因。

压力容器的爆炸是一种极其迅速的物理的和化学的能量释放过程。压力容器破裂分为物理爆炸现象和化学爆炸现象。

（一）压力容器爆炸能量造成的破坏作用

1. 碎片的破坏作用

压力容器破裂时，高速喷出的气体的反作用力把壳体向破裂的相反方向推出。有些壳体侧可能裂成碎块或碎片向四周飞散而造成危害。

2. 冲击波的破坏作用

压力容器破裂时的能量除了小部分消耗于将容器进一步撕裂和将容器或碎片抛出外，大部分从容器内冲出的气体使它周围的空气受到冲击而发生扰动，使其压力、密度等突跃变化产生冲击波。冲击波可将建筑物摧毁，使设备、管道遭到严重破坏，远处的门窗玻璃破碎。冲击波与碎片的危害一样可导致周围人员伤亡。

（二）毒性介质压力容器破裂造成的危害

盛装有毒介质的容器一旦破裂，毒性物质迅速外泄，在空气中扩散造成一定面积的毒害区域，对毒害区域内的人和动植物造成伤害，甚至污染水源和环境。一般在常温下破裂的容器，大多数液化气体生成的蒸汽体积约为液体的二三百倍。

（三）可燃介质的燃烧及二次空间爆炸危害

盛装可燃气体、液化气体的容器破裂后，可燃气体与空气混合，遇到触发能量（火种、静电等）在容器外发生燃烧、爆炸，酿成火灾事故。其中可燃气体在容器外的空间爆炸，其危害甚至超过容器本体爆炸造成的危害。液态烃汽化后的混合气体爆炸燃烧区域，可为原有体积的 6 万倍。例如，一台盛装 1600 m^3 乙烯的球罐破裂后燃烧区范围可达直径 700 m、高 350 m，其二次空间爆炸的冲击波可达十余千米。

三、典型事故案例

（一）山东“9·24”压力容器事故

1. 事故简要经过描述

2020年9月24日上午，济南某建筑材料有限公司一台蒸压釜正常生产使用，用于加气混凝土砌块加工。在生产过程中该设备密封使用蒸汽加压到1 MPa，保持压力3 h后泄压，达到正常压力后，打开蒸压釜取出加气混凝土砌块。24日中午蒸压釜加压到1 MPa时，操作工徐某大即停止加压，在1 MPa压力下保压10多分钟后发生爆炸。爆炸造成蒸压釜上方彩钢瓦厂房坍塌，水泥底座破损，邻近蒸压釜保温部分损坏。北侧釜盖将公司厂区北墙冲塌，冲击该公司北面相邻公司车间南墙后，在相邻公司车间内落地。该起事故造成4人死亡，3人受伤，直接经济损失575万元。

2. 事故直接原因

由于安全联锁装置失效，设备运行过程中釜盖发生周向滑动并滑脱蒸压釜，釜内蒸汽迅速外泄造成爆炸致人伤亡事故。

3. 事故间接原因

（1）该公司落实企业安全主体责任不到位，安全管理责任不明确，安全管理制度不健全，未建立特种设备安全管理人员岗位职责、经常性维护保养、定期自行检查和有关记录制度、隐患排查治理制度、安全管理人员与作业人员管理和培训制度等。操作人员违章操作，蒸压釜操作人员未落实现场作业安全职责，在蒸压釜安全联锁装置失效情况下“带病运行”。

（2）该公司承包人王某某，未对蒸压釜使用状况进行经常性检查，未对发现问题及时处理，对设备维修不及时，导致蒸压釜在安全联锁装置失效情况下“带病运行”。

（3）该公司法定代表人张某，未认真履行特种设备使用单位主体责任，导致蒸压釜在安全联锁装置失效情况下“带病运行”。

小结

本章主要介绍了压力容器及其安全附件的基本知识，介绍了法律法规对压力容器的管理和操作要求，使学员掌握压力容器运行、使用、维护保养安全技术要求。

思考与讨论

1. 压力容器主要由哪几部分组成？其安全附件有哪些，分别起什么作用？
2. 压力容器的危险有害因素有哪些？

第七章　气瓶安全技术

第一节　气瓶的基本知识

气体产品是现代工业的重要基础原料，广泛用于冶金、钢铁、石油、化工、电子、玻璃、建材、建筑、机械、食品、医疗、军工、航天、航空、核工业以及国防建设各领域，气体工业具有重要的战略地位。工业气体的经营活动，其中一个较为重要的环节是工业气体的输送。气瓶制造工业的兴起和发展是由于气体工业的产生和发展所引起的。由于瓶装气体在技术、经济方面显示了多种有利因素，从而促进了气瓶的发展。

在航天二院各单位科研生产试验过程中需要使用多种工业气体，气瓶作为工业气体的重要盛装工具也广泛存在于航天二院各单位的生产作业现场。在各类气瓶相关的安全生产法规和标准要求中，气瓶使用单位一般指气瓶的充装单位，气瓶的登记、检验、充装由气瓶的产权单位（充装单位）负责。航天二院各单位作为瓶装气体的使用单位，主要涉及瓶装气体的购买、运输、使用和储存等环节，应做好气体采购、气瓶储存和用气过程的安全管理和风险防控。部分单位因科研生产工作需要，存在军用设备设施的充装作业，应参照相关技术规程的要求对充装人员、装置和场所及作业过程进行管理。

一、气瓶的工作特点

气瓶是指公称容积不大于3000 L，用于盛装气体的移动式压力容器。气瓶是储存和运输压缩气体、液化气体最常用的容器，无论是在生产领域还是在生活领域其应用均非常广泛。国家颁布的《气瓶安全技术规程》(TSG 23—2021）适用范围为正常环境温度(-40 ~60 ℃)下使用、公称容积为0.4 ~3000 L、公称工作压力为0.2 ~35 MPa（表压，下同）且压力与容积的乘积大于或者等于1.0 MPa · L，盛装压缩气体、高(低)压液化气体、低温液化气体、溶解气体、吸附气体、标准沸点等于或者低于60 ℃的液体及混合气体(两种或者两种以上气体)的无缝气瓶、焊接气瓶、焊接绝热气瓶、缠绕气瓶、内部装有填料的气瓶及气瓶附件。

1. 气瓶数量大，应用广泛

气瓶应用非常广泛，无论是在生产领域，还是在生活领域，几乎都离不开气瓶。气瓶使用范围之广、数量之多、流动性之大和所处环境之恶劣，是其他压力容器所不能比拟的。可以说，气瓶已经渗透到国民经济中的各个领域。

2. 气瓶危险性大，事故率高

气瓶是一种承压设备，具有爆炸的危险性。其承装介质种类繁多，一般具有易燃、易爆、有毒、腐蚀、窒息等性质，一旦发生事故，造成的后果严重。使用环境又因其可移动、重复充装，操作、使用人员不固定和使用环境变化的特点，比其他压力容器更为复杂、恶劣，在运输和装卸过程中易受冲击、振动，有时还可能发生碰撞、倾翻。一旦发生爆炸或泄漏，往往并发火灾和中毒，乃至引起灾难性事故，带来严重的财产损失、人员伤亡和环境污染。

3. 一旦发生事故，危害性大

气瓶断裂破坏，具有巨大的破坏力，不仅损坏设备本身，而且损坏周围的设备和建筑，并常常造成人身伤亡，后果极其严重。一旦发生事故，造成的伤害主要表现如下：

（1）冲击波破坏设备、建筑或直接伤人。

（2）碎片伤人或击穿设备、建筑。气瓶爆炸时，断裂成碎片并高速飞出，可能击穿、撞坏相遇的设备或建筑，有时直接伤人。

（3）容器内介质因气瓶爆炸或气瓶泄漏而外逸，引起中毒、燃烧、二次爆炸，产生连锁反应。如果容器内的介质是有毒、有害的，介质外逸会造成大面积毒害区域，不仅伤害区域内人员，而且破坏生态环境。气瓶爆炸或泄漏，常造成大面积、立体性的破坏和群体伤害。

二、气瓶的分类

（一）按瓶体结构划分

1. 无缝气瓶

无缝气瓶是指瓶体无接缝的气瓶。用于盛装永久气体或高压液化气体，是可重复充装的移动式气瓶。氧、氮、氩等永久气体或二氧化碳、乙炔、氧化亚氮等高压液化气体均使用无缝气瓶进行充装。其结构如图 7－1 所示。

因无缝气瓶是非焊接结构，其在选用材料上比较灵活，不用考虑金属材料的可焊性，故可选择强度较高的材料制造。而且无缝气瓶相对壁厚较大，在加工难度上也比焊接气瓶小，所以无缝气瓶通常都用做高压气瓶。无缝气瓶的制造周期较短，适宜于大批量生产。但无缝气瓶的生产需要大型的冲拔和收口设备，制造工艺技术也较为复杂，产品质量控制要求也较为严格。

2. 焊接气瓶

焊接气瓶是指瓶体有焊缝的气瓶。用于盛装低压液化气体，如氨、氯、氟氯

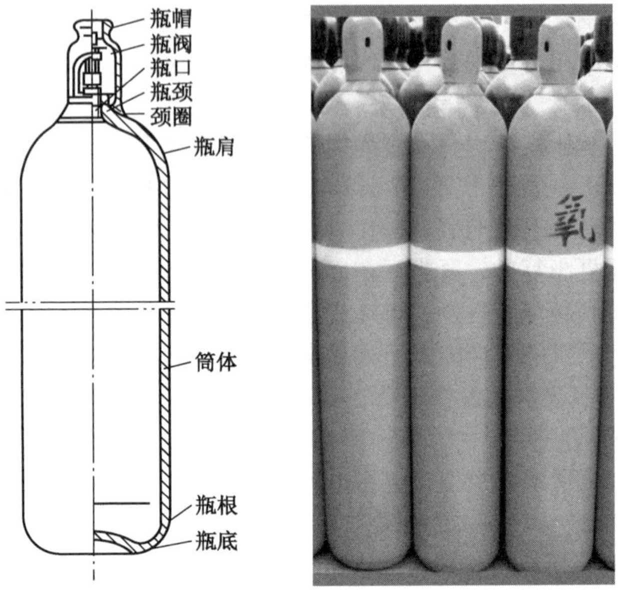

(a) 结构　　　　(b) 实物

图 7－1　无缝气瓶示意图

烷、LPG 等低压液化气体和溶解乙炔等。其形状多种多样，同无缝气瓶相比，多数为矮粗形状，如图 7－2 所示。

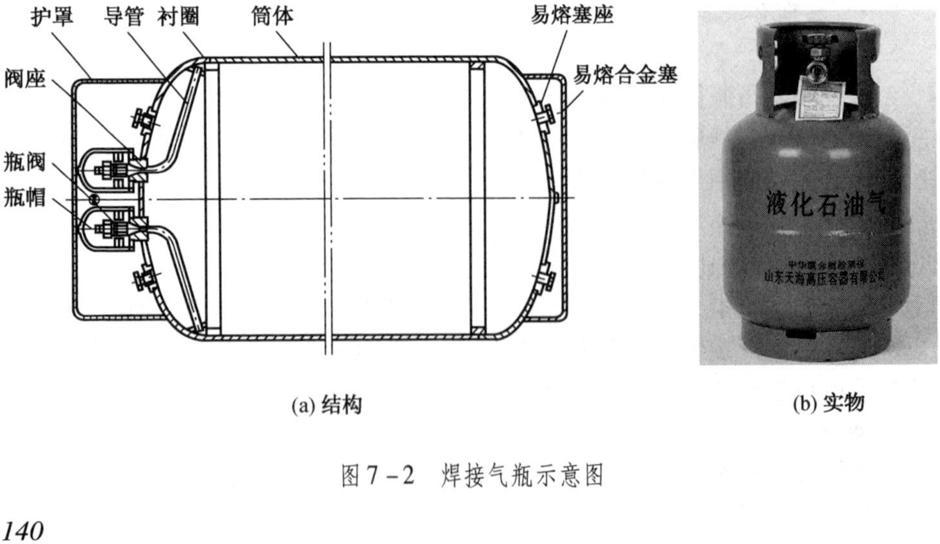

(a) 结构　　　　(b) 实物

图 7－2　焊接气瓶示意图

焊接气瓶充分利用许多常用气体稍微加压即能液化的物理性能，增大介质的密度，以较低的承压强度、较小的容积来盛装较多的（液化）介质，用它来储运低压液化气体具有较高的经济效益。

3. 纤维缠绕气瓶

缠绕气瓶（图7－3）以金属或非金属制成的圆筒形密闭容器作为内胆，在其外面用浸渍有树脂的连续纤维多层缠绕而成的复合材料层构成。缠绕气瓶与其他金属气瓶相比，气瓶整体质量轻，重容比小；缺口敏感性低，气瓶安全性能好；抗冲击和抗震性能高，气瓶不会因受跌落冲击或碰撞而发生爆破；复合层的导热性较差，可以降低瓶内气体的温升压力；气瓶抗腐蚀性能强。

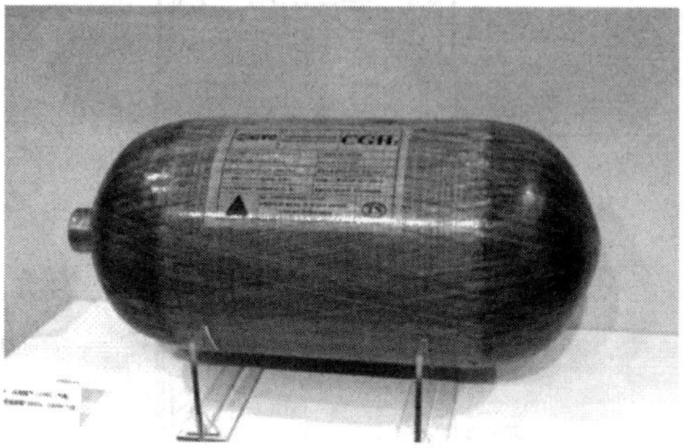

图7－3　缠绕气瓶示意图

4. 焊接绝热气瓶

焊接绝热气瓶俗称杜瓦瓶、低温瓶，也称低温绝热气瓶，其结构如图7－4所示。焊接绝热气瓶被广泛应用于机械、造船、医疗、化工、电子、生物、食品、材料、能源和科研等各领域中。主要用于储存、运输和使用低温液化永久气体，如可盛装工业液氧，用于金属切割、焊接和加热等；可盛装液氮，用于纯氮保护或食品、医药生物和超导体等－196 ℃液氮冷载体；可盛装液氩，用于氩弧焊和其他氩气保护场合；可盛装医用液氧，作为集中供气设备。可以用于盛装和储存临界温度较低的常用液化气体，如液体二氧化碳（LCO_2）、液体氧化亚氮（LN_2O）等。

焊接绝热气瓶的最大特点是自身较轻、装载率高，用做气体的储存运输有较大的经济效益。焊接绝热气瓶的装载率要比常用的钢质无缝气瓶高出几十倍。焊接绝热气瓶的工作压力低，安全性能较好。焊接绝热气瓶盛装的液化永久气体的工作压力为1.4～2.02 MPa，远比常用的钢质无缝气瓶低，因而比较安全。也因为工作压力较低，对壳体的承压强度要求不高，可用较薄的钢板制造，壳体易于加工成型和组装焊接。气瓶使用方便，特别是用气量很大时，不用经常更换气瓶。焊接绝热气瓶的缺点一是造价高，二是焊接绝热气瓶由于受内置汽化器传热面积等的限制，气流量不是很大，往往不能满足大流量连续供气作业的要求。

5. 内装填料气瓶

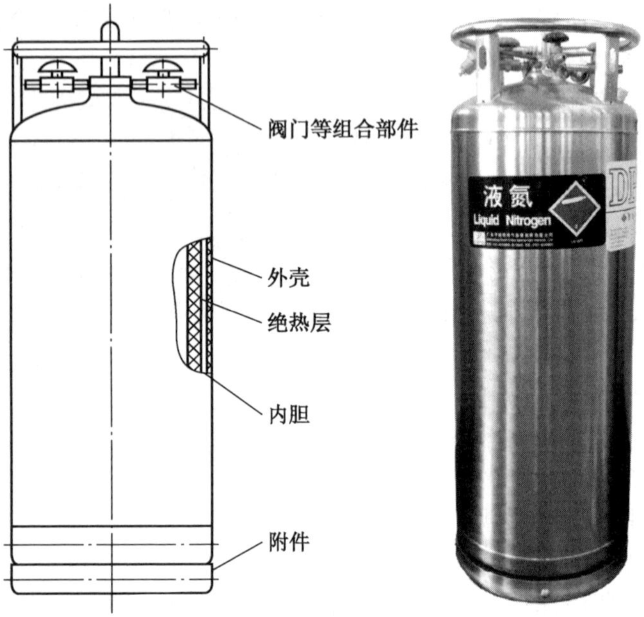

(a) 结构　　　　(b) 实物

图 7－4　焊接绝热气瓶示意图

内装填料气瓶主要包括溶解气体气瓶和吸附气体气瓶。最常见的溶解气体气瓶为溶解乙炔气瓶如图 7－5 所示。公称容积在 10～60 L 的溶解乙炔气瓶大都为焊接气瓶，以 40 L 最为常见，其结构与一般焊接气瓶基本相同。区别是溶解乙炔气瓶内部还需要充装填料与溶剂。由于乙炔很不稳定，极易发生聚合和分解反应，如果像永久气体和液化气体那样直接充入气瓶中，只要轻微振动就会引起爆炸。但当乙炔溶解于丙醇等溶剂并被填料吸收后，可以在一定条件下阻止乙炔分解。

（二）按公称工作压力划分

按公称压力分类，气瓶分为高压气瓶和低压气瓶两类。

（1）高压气瓶，是指公称工作压力大于或者等于 10 MPa 的气瓶。

（2）低压气瓶，是指公称工作压力小于 10 MPa 的气瓶。

盛装常用气体气瓶的公称工作压力见表 7－1。

（三）按公称容积划分

图 7－5 溶解乙炔气瓶示意图

表 7－1 盛装常用气体气瓶的公称工作压力

气体类别	公称工作压力/MPa	充装介质
压缩气体 T_c（临界温度，下同）≤－50 ℃	70	氢
	50	氢
	35	空气、氢、氮、氩、氦、氖等
	30	空气、氢、氮、氩、氦、氖、甲烷、天然气等
	25	空气、氢、氮、氩、氦、氖、甲烷、天然气等
	20	空气、氧、氢、氮、氩、氦、氖、甲烷、天然气等
	15	空气、氧、氢、氮、氩、氦、氖、甲烷、一氧化碳、一氧化氮、氪、氘（重氢）等
高压液化气体－50 ℃＜T_c≤65 ℃	20	二氧化碳（碳酸气）、乙烷、乙烯等
	15	二氧化碳（碳酸气）、一氧化氮（笑气、氧化亚氮）、乙烷、乙烯、硅烷（四氢化硅）、磷烷（磷化氢）、乙硼烷（二硼烷）等
	12.5	氙、一氧化氮（笑气、氧化亚氮）、六氟化硫、氯化氢（无水氢氯酸）、乙烷、乙烯、三氟甲烷（R23）、六氟乙烷（R116）、1,1－二氟乙烯（偏二氟乙烯、R1132a）、氟乙烯（乙烯基氟、R1141）、三氟化氮等

表7-1（续）

气体类别	公称工作压力/MPa	充 装 介 质
低压液化气体及其混合气体 $T_c>65$ ℃	5	溴化氢（无水氯溴酸）、硫化氢、碳酰二氯（光气）、硫酰氟等
	4	二氟甲烷（R32）、五氟乙烷（R125）、溴三氟甲烷（R13B1）、R410A 等
	3	氨、氯二氟甲烷（R22）、1,1,1-三氟乙烷（R143a）、R407C、R404A、R507A 等
	2.5	丙烯
	2.2	丙烷
	2.1	液化石油气
	2	氟、二氧化硫、二氧化氮（四氧化二氮）、氟化氢（无水氢氟酸）、环丙烷、六氟丙烯（R1216）、偏二氟乙烷（R152a）、氯三氟乙烯（R1113）、氯甲烷（甲基氯）、溴丙烷（甲基溴）、1,1,1,2-四氟乙烷（R134a）、七氟丙烷（R227e）、2,3,3,3-四氟丙烯（R1234yf）、R406A、R401A 等
	1.6	二甲醚
	1	正乙烷（丁烷）、异丁烷、异丁烯、1-丁烯、1,3-丁二烯（联乙烯）、二氯氟甲烷（R21）、氯二氟乙烷（R142b）、溴氯二氟甲烷（R12B1）、氯乙烷（乙基氯）、氯乙烯、溴乙烯（乙烯基溴）、甲胺、二甲胺、三甲胺、乙胺（氨基乙烷）、甲基乙烯基醚（乙烯基甲醚）、环氧乙烷（氧化乙烯）、（顺）2-丁烯、（反）2-丁烯、八氟环丁烷（RC318）、三氯化硼（氯化硼）、甲硫醇（硫氢甲烷）、氯三氟乙烷（R133a）等
低温液化气体	—	液化空气、液氩、液氖、液氮、液氧、液氢、液化天然气、液化氧化亚氮、液化二氧化碳等

公称容积是指气瓶容积系列中的容积等级。按照公称容积（指水容积，即气瓶内腔的实际容积）可分为小容积气瓶、中容积气瓶和大容积气瓶。

（1）小容积气瓶，是指公称容积小于或者等于 12 L 的气瓶。

（2）中容积气瓶，是指公称容积大于 12 L 并小于或者等于 150 L 的气瓶。

（3）大容积气瓶，是指公称容积大于 150 L 的气瓶。

（四）按用途划分

气瓶按照用途，一般可划分为，工业用气瓶、医用气瓶、燃气气瓶、车用气瓶、呼吸器用气瓶、消防灭火用气瓶。

（五）按瓶装气体分类

按瓶装气体分为以下几种气瓶。

（1）盛装永久气体的气瓶。压缩气体，指在 -50 ℃时，加压后完全成气态的气体，包括临界温度（T_c）低于或者等于 -50 ℃的气体，也称为永久气体。

（2）盛装高（低）压液化气体的气瓶。高（低）压液化气体，指在温度高于 -50 ℃时，加压后部分呈液态的气体，包括临温度（T_c）-50 ~ 65 ℃的高压液化气体和临界温度（T_c）高于 65 ℃的低压液化气体。

（3）盛装低温液化气体的气瓶。低温液化气体，指经过深冷低温处理而部分呈液态的气体，其临界温度（T_c）一般低于或者等于 -50 ℃，也可以称为深冷液化气体或者冷冻液化气体。

（4）盛装溶解气体的气瓶。溶解气体，指在一定的压力、温度条件下溶解于溶剂中的气体。

（5）盛装吸附气体的气瓶。吸附气体，指在一定的压力、温度条件下吸附于吸附剂中的气体。

（6）盛装混合气体的气瓶。混合气体，指含有两种或者两种以上有效物理组分，或者虽属非有效组分，但是其含量超过规定限量的气体。

三、气瓶标志

（一）气瓶标志

气瓶标志包括制造标志、定期检验标志以及其他标志。

制造标志是气瓶的原始标志，是由制造厂加印的有关设计、制造、充装、使用、检验等技术参数的印章。制造标志分为钢印标志（含铭牌上的标志）、标签标志（粘贴于瓶体上的标志）、印刷标志（印刷在瓶体上的标志）、电子识读标志（包括射频标签及采用图像识别技术进行电子扫描读取数据的二维码等电子载体）和气瓶颜色标志。制造标志是识别气瓶的依据，制造单位应当在每只气瓶上做出永久性制造标志。

定期检验标志是气瓶在检验合格后，由检验单位加印的。定期检验标志分为钢印标志、电子识读标志、标签标志以及涂敷标志等。气瓶定期检验机构应当在检验合格的气瓶上逐只做出永久性的检验合格标志，涂敷检验机构名称和下次检验日期（无法涂敷的气瓶可用检验标志环代替），并且在电子识读标志对应的数据库中录入检验信息。

（二）气瓶标志的方式

1. 钢印标志

钢印标志适用无缝气瓶、焊接气瓶以及低温绝热气瓶（含液化天然气气瓶）。钢印标志打在瓶肩上时，其位置如图 7－6a 所示；打在护罩上时，如图 7－6b 所示；打在铭牌上时，如图 7－6c 所示。

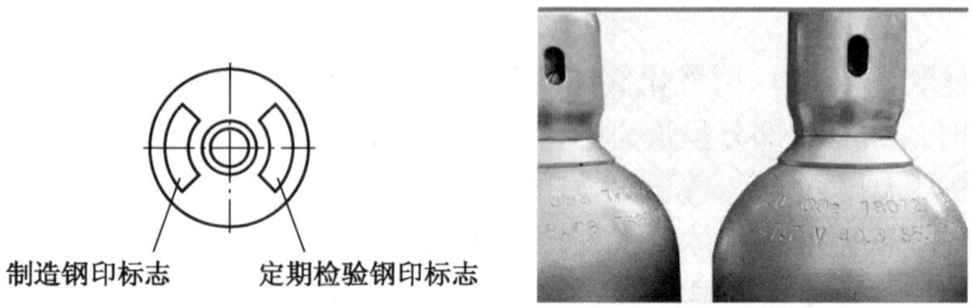

(a)

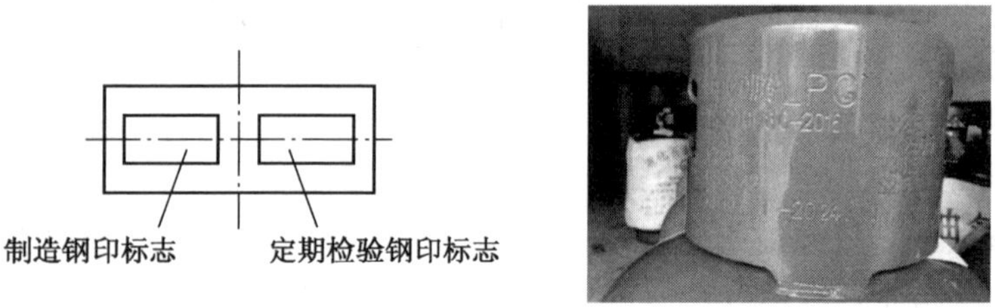

(b)

(c)

图 7－6　钢印标志位置示意图

气瓶制造钢印标志的项目和排列，及其具体形式和含义，如图 7－7 所示。

低温绝热气瓶制造钢印标志的项目和排列，及其具体形式和含义如图 7－8a、图 7－8b 所示。

定期检验钢印标志，应当打在气瓶瓶体、铭牌或者护罩上，如图 7－9 所示。

2. 纤维缠绕气瓶标签标志

纤维缠绕气瓶应当在每只气瓶缠绕层的表面层或者防护层下面植入标签，形成永久性标签标志。其制造标签标志、定期检验标签标志的项目和排列如图7－10所示。

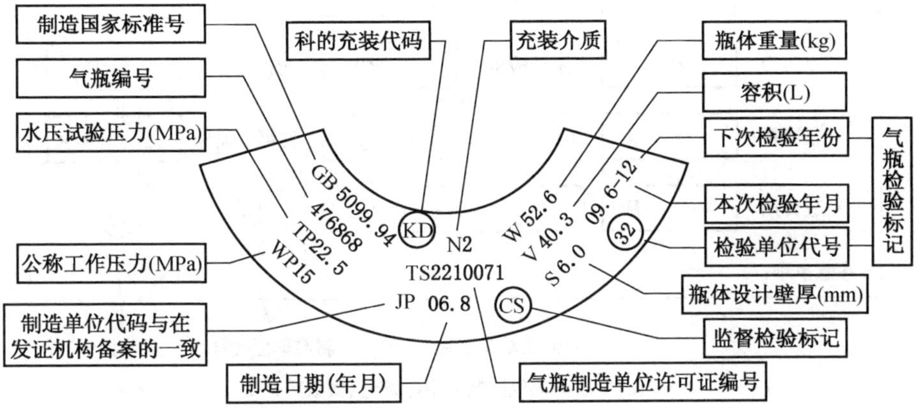

图7－7　制造钢印标记

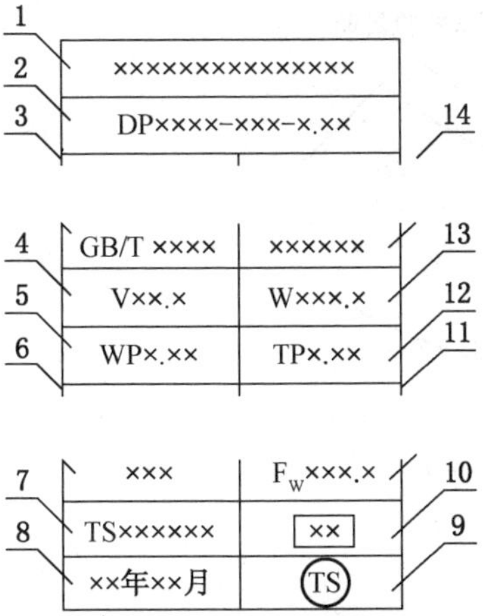

1	××××××××××××××	制造单位名称
2	DP××××-×××-×.××	气瓶型号
3	GB/T××××	产品标准号
4	V××.×	内胆公称容积，L
5	WP×.××	公称工作压力，MPa
6	×××	允许充装介质(仅限一种)
7	TS×××××××	气瓶制造许可证编号
8	××年××月	制造年月
9	(TS)	监检标记
10	[××]	制造单位代号
11	F_W×××.×	最大充装量，kg
12	TP×.××	内胆试验压力，MPa
13	W×××.×	气瓶实际重量，kg
14	××××××	气瓶编号

(a) 低温绝热气瓶制造钢印标记(竖版)

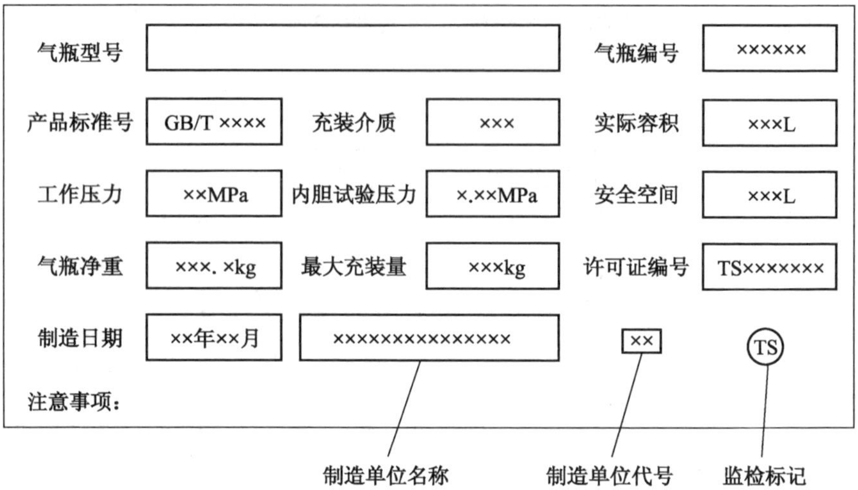

(b) 低温绝热气瓶制造钢印标记(横版)

图7－8　低温绝热气瓶制造钢印标记

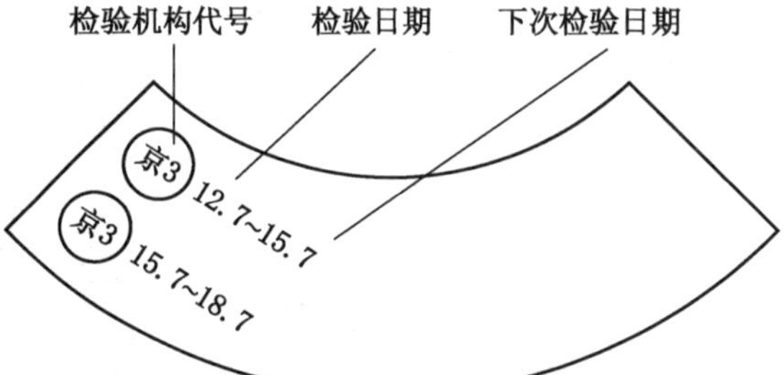

图7－9　定期检验钢印标志

（三）其他标志

1. 无缝气瓶的检验色标

无缝气瓶的定期检验钢印标志上，应当按照检验年份涂检验色标，检验色标的颜色和形状见表7－2。

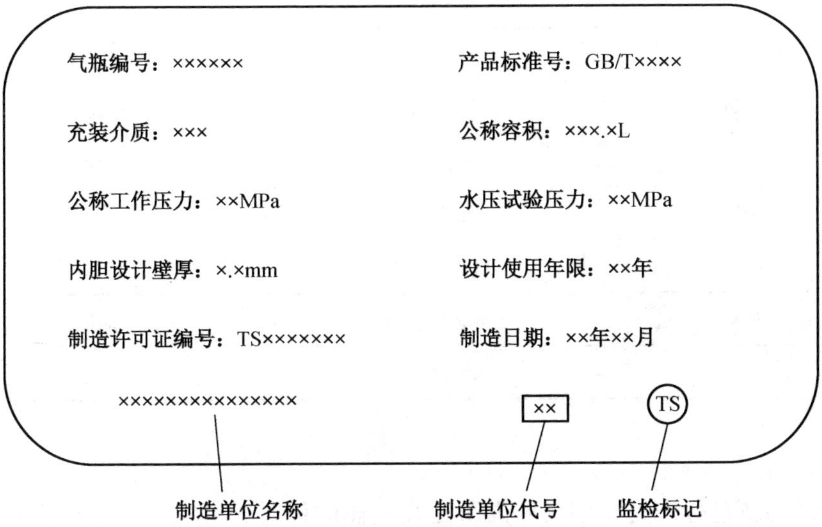

(a) 纤维缠绕气瓶制造标签标志的项目和排列

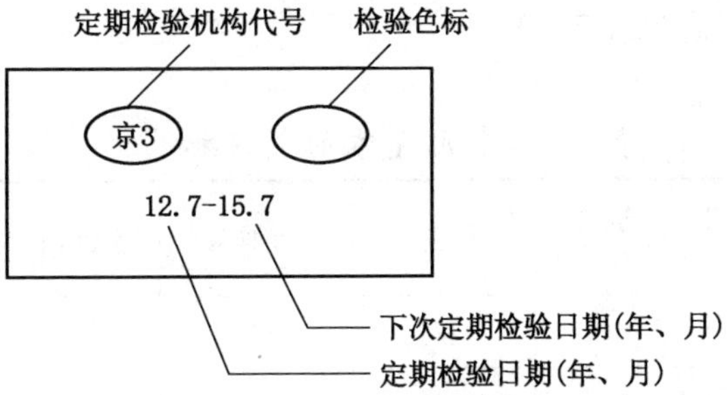

(b) 纤维缠绕气瓶定期检验标签标志的项目和排列

图 7－10 纤维缠绕气瓶标签标志的项目和排列

表 7－2 检验色标的颜色和形状

检验年份	颜 色	形 状
2020	粉红色（RP01）	椭圆形
2021	铁红色（R01）	椭圆形
2022	铁黄色（Y09）	椭圆形
2023	淡紫色（P01）	椭圆形

表 7 – 2（续）

检验年份	颜　　色	形　　状
2024	深绿色（G05）	椭圆形
2025	粉红色（RP01）	矩形
2026	铁红色（R01）	矩形
2027	铁黄色（Y09）	矩形
2028	淡紫色（P01）	矩形
2029	深绿色（G05）	矩形

2. 气瓶的颜色标志

气瓶的颜色标志是识别气瓶内所充装气体的标志，气瓶外表面的颜色标志、字样和色环，应当符合《气瓶颜色标志》（GB/T 7144—2016）的要求。充装常用气体的气瓶颜色标志见表 7 – 3。

表 7 – 3　常用气体的气瓶标志

序号	充装气体	化学式（或符号）	体色	字样	字色	色环
1	空气	Air	黑	空气	白	$P=20$，白色单环 $P\geqslant30$，白色双环
2	氩	Ar	银灰	氩	深绿	
3	氟	F_2	白	氟	黑	
4	氦	He	银灰	氦	深绿	$P=20$，白色单环 $P\geqslant30$，白色双环
5	氪	Kr	银灰	氪	深绿	
6	氖	Ne	银灰	氖	深绿	
7	氮	N_2	黑	氮	白	$P=20$，白色单环 $P\geqslant30$，白色双环
8	氧	O_2	淡（酞）蓝	氧	黑	
9	一氧化碳	CO	银灰	一氧化碳	大红	
10	氢	H_2	淡绿	氢	大红	$P=20$，大红单环 $P\geqslant30$，大红双环

表7-3（续）

序号	充装气体		化学式（或符号）	体色	字样	字色	色环
11	甲烷		CH_4	棕	甲烷	白	$P=20$，白色单环 $P\geqslant 30$，白色双环
12	天然气		CNG	棕	天然气	白	
13	氩（液体）		Ar	银灰	液氩	深绿	
14	氦（液体）		He	银灰	液氦	深绿	
15	氢（液体）		H_2	淡绿	液氢	大红	
16	天然气（液体）		LNG	棕	液化天然气	白	
17	氮（液体）		N_2	黑	液氮	白	
18	氧（液体）		O_2	淡（酞）蓝	液氧	黑	
19	二氧化碳		CO_2	铝白	液化二氧化碳	黑	$P=20$，黑色单环
20	氯		Cl_2	深绿	液氯	白	
21	七氟丙烷		CF_2CHFCF_2	铝白	液化七氟丙烷 R-227e	黑	
22	液化石油气	工业		棕	液化石油气	白	
		民用		银灰	液化石油气	大红	
23	乙炔		C_2H_2	白	乙炔不可近火	大红	

注：1. P 为气瓶的公称工作压力，单位为 MPa。

2. 充装液氧、液氮、液化天然气等不涂敷颜色的气瓶，其体色和字色指瓶体标签的底色和字色。

3. 电子识读标志

氢气气瓶、纤维缠绕气瓶、燃气气瓶和车用气瓶上应设置可追溯的永久性电子识读标志。电子识读标志应当能够通过手机扫描方式链接到制造单位建立的气瓶产品公示平台，直接获取每只气瓶的产品信息数据。

4. 其他要求

工业用非重复充装焊接钢瓶的标志应当以丝网印刷或者类似方式印刷在瓶体上。焊接绝热气瓶、液化石油气钢瓶采用压印凸字或者封焊铭牌等方法进行标记。

第二节　气瓶安全附件

气瓶安全附件包括瓶阀、瓶帽、保护罩、安全泄压装置、防震圈、气瓶专用爆破片、安全阀、液位计、紧急切断和充装限位装置等。气瓶安全附件是气瓶的重要组成部分，对气瓶安全使用起着非常重要的作用。

一、气瓶阀门

气瓶阀门（简称瓶阀）是装在气瓶瓶口上，用于控制气体进入或排出气瓶的组合装置。瓶阀是气瓶的主要部件，气瓶瓶体只有装接有气瓶阀门才能够成一个完整的密闭容器，才具有盛装气体的功能。气瓶阀门如图7－11所示。

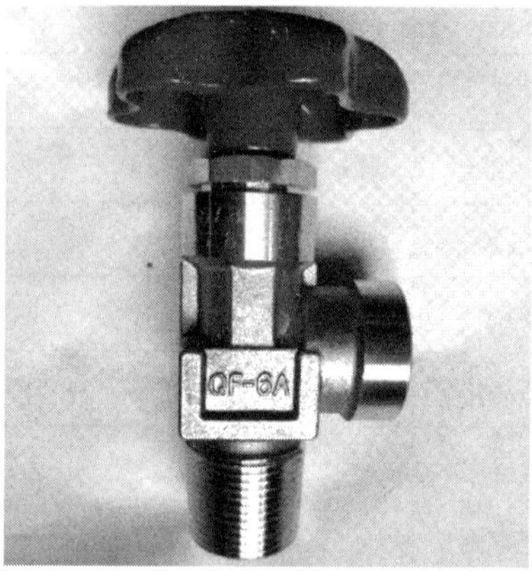

图7－11　气瓶阀门

瓶阀主要由阀体、阀杆、阀芯、密封圈、锁紧螺母等零部件组成。大部分瓶阀都配有手轮，用以转动阀杆，进行阀的开启和关闭工作，也有用专用扳手替代手轮的。有些气瓶需要装设安全泄压装置，如爆破片、易熔合金塞等，一般也都设置在瓶阀上。

瓶阀应满足下列要求：

（1）制造单位应当取得特种设备生产许可证，并且在批准范围内从事瓶阀制造。

（2）制造单位应注明瓶阀设计使用年限，瓶阀超过设计使用年限时应当报废。

（3）制造单位以外的其他单位和个人，不得对瓶阀进行修理、改造或者更换受压零部件。

（4）低温绝热气瓶阀出现泄漏等异常情况时，可以维修，但只允许原瓶阀制造单位更换瓶阀总成，维修人员应当经过瓶阀制造单位培训。

（5）接触氧或者强氧化性气体的瓶阀应当进行脱脂处理。

各种气体瓶阀的基本形式及结构尺寸、技术要求、实验方法和检验规则，应符合各种气体瓶阀的标准，如《气瓶阀通用技术要求》。

二、安全泄压装置

安全泄压装置是包括气瓶在内的所有承压设备的保护装置。它在设备超压运行时能够迅速自动泄放气体，降低压力，以保护设备不因过量超压而发生爆炸。气瓶安全泄压装置的主要作用是保护气瓶在遇到周围发生火灾时，不会因瓶体受热、瓶内温度升高过快而发生气瓶爆炸。气瓶的安全泄压装置可以独立装设，即直接装接在气瓶封头上，也可以装接在气瓶所用的瓶阀上。

1. 安全泄压装置的类型

气瓶专用的安全泄压装置分为温度驱动型和压力驱动型，包括易熔塞合金装置、爆破片装置、爆破片 - 易熔塞复合装置、安全阀等。

（1）易熔塞合金装置（图 7 - 12）。易熔塞合金装置结构简单，通过控制温度来控制瓶内的温升压力，所以只适用于气瓶，而不适用于固定式容器。装设有易熔塞合金装置的气瓶在正常环境温度下运行，填满塞孔内的易熔合金，保证气瓶的良好密封性能。一旦气瓶周围发生火灾或遇到其他意外高温，达到预定的温度值，易熔合金即熔化，瓶内气体由此塞孔排除，气瓶泄压。

理论上讲，易熔塞合金装置是几种安全泄压装置中密封性能最好的一种，但它固有的缺点是合金塞容易受瓶内压力的作用而被挤出或脱落，也常因局部受热（如焊接或切割时飞溅的火花等）导致合金熔化，造成误动作等，所以它只适用于低压液化气体气瓶、溶解乙炔气瓶，而不适用于高压液化气体气瓶和永久气体气瓶。

（2）爆破片装置（图 7 - 13）。爆破片装置是由爆破片（压力敏感元件）和夹持器（或支撑圈）等组装而成的安全泄压装置。当气瓶内介质的压力因环境温度升高等原因而增加到规定的压力限定值（一般为气瓶的水压试验压力）时，爆破片立即动作（破裂），形成通道，使气瓶排气泄压。

图 7 - 12　易熔塞合金装置

图 7 - 13　气瓶爆破片装置

由于无缝气瓶瓶体上不宜开孔，高压无缝气瓶容积较小，安全泄放量也小，不需要太大的泄放面积，因此用于永久气体气瓶的爆破片一般装配在气瓶阀门上。

(3) 安全阀(图7－14)。安全阀是广泛用于固定式压力容器的泄压装置。它的特点是结构简单、紧凑，而且可重新关闭，保持密封状态。具有这些特点，用作气瓶的安全泄压装置就更能显示其无比的优越性。但安全阀也有不足之处，如泄压反应慢(因阀的开启具有滞后作用)、对介质的洁净度要求高、密封性能差(是各类泄压装置中最差的一种)等。特别是气瓶在运输、使用、搬运过程中的颠簸振动，使装在气瓶上的安全阀的密封性能更受影响，增加泄漏量。

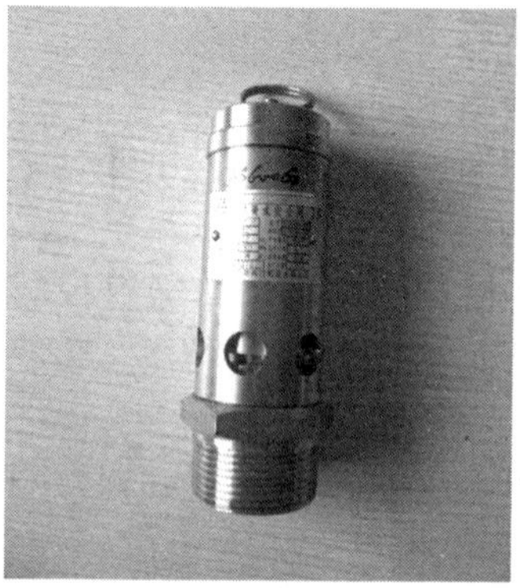

图7－14　安全阀

(4) 爆破片－易熔塞复合装置。爆破片－易熔塞复合装置由爆破片与易熔塞串联组装而成，易熔合金塞装设在爆破片排放一侧。这种复合装置兼有爆破片与易熔塞的优点，尤其是密封性能更佳，因为它具有双重密封机构。在正常情况下，易熔塞不承受瓶内介质压力，所以不易被挤压脱落。复合装置只有在环境温度和瓶内压力都分别达到了规定值的条件才发生动作，泄压排气，一般不会发生误动作。

2. 安全泄压装置的要求

(1) 车用气瓶、溶解乙炔气瓶、焊接绝热气瓶、液化气体气瓶集束装置以及长管拖车和管束式集装箱用大容积气瓶，应当装设安全泄压装置。

(2) 盛装剧毒气体、自燃气体的气瓶，禁止装设安全泄压装置。

(3) 盛装有毒气体的气瓶不应单独装设安全阀，盛装高压有毒气体的气瓶应当选用爆破片－易熔塞复合装置。

(4) 燃气气瓶和氧气、氮气以及惰性气体气瓶，一般不装设安全泄压装置。

(5) 盛装易于分解或者聚合的可燃气体、熔解乙炔气体的气瓶，应当装设易熔塞复合装置。

(6) 盛装液化天然气以及其他可燃气体的低温绝热气瓶内胆，至少装设2只安全阀；盛装其他低温液化气体的低温绝热气瓶，应当装设爆破片装置和安全阀。

(7) 工业用非重复充装焊接钢瓶应当设爆破片。

(8) 盛装可燃气体的气瓶安全泄压装置的结构与装设，应当使所排出的气体直接排向大气空间，不会被阻挡或者冲击到其他设备上。

(9) 安全阀的开启压力不小于气瓶水压试验压力的75%，并且不大于气瓶水压试验压力；安全阀额定排放压力不超过气瓶水压试验压力，回座压力不小于气瓶最高使用温度下的压力。

（10）安全泄压装置的气体泄放出口装设位置和方式，不得对气瓶本体的安全性能以及气瓶正常使用、搬动造成影响。

（11）气瓶上装设的每个安全泄压装置，都应当有永久性标志，标志内容应当符合相关标准的要求。

（12）气瓶上的安全阀应当按照要求定期进行校验。

三、气瓶保护附件

1. 瓶帽

瓶帽是保护瓶阀用的帽罩式安全附件的统称。如图 7－15 所示。按其结构型式可分为固定式瓶帽和拆卸式瓶帽。气瓶的瓶帽主要用于保护瓶阀免受损伤。瓶帽一般用钢管、可锻铸铁、铸铁制造。

图 7－15　气瓶瓶帽

2. 防震圈

防震圈是用橡胶或塑料制成，厚度一般不小于 25～30 mm，富有弹性，如图 7－16 所示。一个气瓶上装设两个，当气瓶受到冲击时，能吸收能量，减少震动，同时还有保护瓶体漆层和标记的作用。

3. 其他保护附件要求

图 7－16　气瓶防震圈

（1）无缝气瓶出厂时应当装配不影响瓶阀手轮正常使用的保护罩，并且不得装配螺纹式瓶帽。

（2）公称容积大于或者等于 10 L 的钢质焊接气瓶（含溶解乙炔气瓶）应当装配不可拆卸的保护罩或者固定式瓶帽。

（3）气瓶保护罩或者固定式瓶帽应当具有良好的抗撞击性，不得用铸铁制造；公称容积小于或者等于 5 L 的钢质无缝气瓶和公称容积小于或者等于 15 L 的铝合金无缝气瓶的保护罩，可以用工程塑料制造。

（4）不能靠瓶底竖立的气瓶，应当装配底座（采用固定支架或者集装框架的气瓶除外），使气瓶能够稳定竖立，并且有效防止气瓶底部锈蚀。

（5）5 L 以上的无缝气瓶应当装配颈圈，并且在颈圈上设置适当的电子识读标志。

四、安全仪表及其他附件

气瓶上设置的压力表、液位计等安全仪表，以及限充限流装置、限液位装置等其他附件，应当符合相关产品标准的要求，所用的密封件等材料应当与所盛装的介质具有相容性。

第三节　气瓶安全管理和安全用气

一、一般安全管理要求

在各类气瓶相关的安全生产法规和标准要求中，气瓶使用单位一般指气瓶的充装单位，车用气瓶、非重复充装气瓶、呼吸器用气瓶的使用单位是产权单位和充装单位。航天二院各单位作为瓶装气体使用单位，主要涉及瓶装气体的购买、运输、使用和储存等环节。部分单位因科研生产工作需要，存在军用设备设施的充装作业，应参照相关技术规程的要求对充装人员、装置和场所及作业过程进行管理。各单位产权气瓶的使用登记、检查、维护保养、定期检验、消除使用功能处理等工作，应当尽量以协议方式委托充装单位或检验机构负责代行。

二、瓶装气体的购买

瓶装气体使用单位应当购买和使用已取得气瓶充装许可的单位充装的瓶装气体，不得购买和使用超过检验有效期或者报废的气瓶盛装的气体。

接收气瓶时应检查气瓶的气体产品合格证、警示标签是否与充装气体及气瓶标志的介质名称一致，要配带瓶帽、防震圈。不符合安全技术要求的气瓶严禁入库和使用。

从气体充装站或气瓶储存库接收气瓶前应对所接收的气瓶进行逐只检查，发现有下列情况之一者不得接收：

（1）气瓶上没有粘贴气体充装后检查合格证的。

（2）气瓶的颜色标记与所需的气体不符，或者颜色标记模糊不清，或者表面漆色覆盖在另一种漆色之上的。

（3）瓶体上有不能保证气瓶安全使用的缺陷，如严重的机械损伤、变形、腐蚀等。

（4）瓶阀漏气、阀杆受损、侧接嘴螺纹旋向与所需要的气体性质不符或螺纹受损的。

（5）在氧气或氧化性气体气瓶上或瓶阀上存有油脂物的。

（6）气瓶不能直立，底座松动、倾斜的。

（7）气瓶上未装瓶帽和防震圈，或瓶帽和防震圈的尺寸不符合要求或损坏的。

三、气瓶的装卸运输

气瓶的运输单位，必须严格遵守国家危险品运输的有关规定，运输单位、车辆、驾驶员等应经过安全教育，具有相应资格。气体运输厂家应提供道路运输经营许可证、运输车辆的道路运输证、运输人员的从业资格证及机动车驾驶证等资质，且在有效期内。

用气单位应指定气瓶装卸区域并做出明显的标识予以区分，要尽量选择开阔、平坦，远离人员密集及经常出入且远离热源的区域以方便装卸运输操作。一般情况下，应由气瓶充装厂家负责将气瓶搬运至指定地点或存放区域，需要再次搬运时，用气单位应指定专人负责进行作业。

在搬运气瓶前应了解气体名称、性质和安全搬动注意事项，要备齐工器具和防护用品。禁止用肩扛、背驮、怀抱、臂挟、托举或二人抬运的方式搬运高度超过1.5 m的气瓶到手推车，可采用手扶瓶肩转动瓶底的滚动方式。近距离（不超过5 m）搬运气瓶，凹形底气瓶及带圆形底座气瓶可采用徒手倾斜滚动的方式搬运。搬运气瓶时，要旋紧瓶帽，配带好防震圈（集束气瓶除外），以直立向上的位置来移动，注意轻装轻卸，禁止从瓶帽处提升气瓶。远距离转运时，应使用气瓶推车搬运并妥善加以固定。严禁用叉车、翻斗车或铲车搬动气瓶。吊装气瓶或者气瓶集束装置时，严禁使用电磁起重机和金属链绳。用机械起重设备吊运散装气瓶时，应将气瓶装入集装格或集装篮中，并妥善加以固定。不应使用链绳、钢丝绳捆绑或钩吊瓶帽等方式吊运气瓶。

装卸气瓶应轻装轻卸，要在气瓶落地点铺上铅垫或橡皮垫，避免气瓶相互碰撞或与其他坚硬的物体碰撞，不应用抛、滚、滑、摔、碰等方式装卸气瓶。用人工将气瓶向高处举放或需把气瓶从高处放落地面时，应两人同时操作，并要求提升与降落的动作协调一致，轻举轻放，不应在举放时抛、扔或在放落时滑、摔。装卸气瓶时应配备好瓶帽，注意保护气瓶阀门，佩戴好防震圈（集束气瓶除外），防止撞坏。气瓶应直立转动，不准脱手滚瓶或传接。气瓶直立放置时应稳妥牢靠。卸车时应逐个进行，不得多个气瓶连续溜放，气瓶落地点应采取减震措施。装卸有毒气体时应佩戴防毒口罩（或防毒面具）。装卸氧气及氧化性气瓶时，工作服、手套和装卸工具、机具上不应沾有油脂。气瓶搬运到目的地后，应将气瓶放置在气瓶架上，锁紧并挂好标识。

四、气瓶的贮存、保管

瓶装气体品种多，性质复杂，具有可燃性、腐蚀性、毒性、窒息性、氧化性等特点。还有的气瓶内的压力高达30 MPa以上。气瓶在贮存过程中经常发生事故，因此，气瓶的贮存场所应符合建设规范，管理人员应有一定的素质。还应建立健全贮存气瓶的各项规章制度。

（1）气瓶瓶库的建设必须经有关部门的批准。气瓶的储存必须有专用瓶库，应符合《建筑设计防火规范》的有关规定。

（2）气瓶瓶库屋顶应为轻型结构，应有足够的泄压面积，透明的玻璃上应涂白漆，应有通风换气装置，地面平坦且不打滑，瓶库内不得有地沟、暗道，严禁明火和其他热源；冬季集中供暖库房设计温度为10 ℃，严禁采用煤炉、电热器取暖；存放空间温度超过60 ℃的，应当采用喷淋等冷却措施。可燃、有毒、窒息库房应有自动报警装置。

（3）气瓶宜存储在室外带遮阳、雨篷的场所。存储在室内时，建筑物应符合有关标准要求。气瓶存储室不得设在地下室或半地下室，也不能和办公室或休息室设在一起。气瓶的库房应与其他建筑物保持一定的距离，应为单层建筑，墙壁及屋顶的建筑材料应为防火材料。存储可燃、爆炸性气体气瓶的库房耐火等级应不低于二级，其门窗向外开启，内照明设备必须防爆，电器开关和熔断器都应设置在库房外，同时应设避雷装置。禁止将气瓶放置到可能导电的地方。

（4）气瓶入库应按照气体的性质、公称工作压力及空实瓶严格分类存放，应有明确的标志，安全技术说明书和产品合格标签齐全。

（5）应当遵循先入库先发出的原则。应设立明显的警示标签，如禁止烟火、当心爆炸等。

（6）库房应设有相应的灭火器材，库房周围严禁存放易燃易爆物品。库房内应设有适当的通道。

（7）盛装易发生聚合反应或者分解反应的气瓶，应当根据气体的性质，控制存放空间的最高温度和限定储存数量、保存期限。

（8）瓶内气体相互接触会发生反应可能引起燃烧、爆炸、产生有毒有害物质的，应当分室隔离存放，并且在附近配有防毒用具和消防器材。可燃气体的气瓶不可与氧化性气体气瓶同库储存，氢气不准与笑气、氨、氯乙烷、环氧乙烷、乙炔等同库。对于装有易燃气体的气瓶，在储存场所的 15 m 范围以内，禁止吸烟、从事明火和生成火花的工作，并设置相应的警示标志。

（9）气瓶放置应整齐，并佩戴瓶帽，立放时应有防倾倒措施；横放时，头部朝向一方。

（10）盛装可燃、助燃或者毒性介质的低温绝热气瓶，不得在封闭或者受限空间场所存放和使用。

（11）气瓶存放区要有足够的自然通风或机械通风条件，根据标准要求配备浓度超限报警装置并定期检定，并在有效期内使用。

（12）气瓶（包括空瓶）存储时应将瓶阀关闭，卸下减压器，戴上并旋紧气瓶帽，整齐排放。

（13）气瓶的储存应有专人负责并按照“六定”要求进行管理，应定期对存储场所的用电设备、通风设备、气瓶搬运工具和栅栏、防火和防毒器具进行检查，发现问题及时处理。

（14）气瓶储存数量较大的单位应当制定应急预案并定期进行演练。

五、气瓶安全使用要求

使用气瓶应遵守下列规定：

（1）必须严格按照使用说明书的要求使用气瓶。

（2）禁止将盛放气体的气瓶置于人员密集或者靠近热源的场所，禁止使用任何热源对气瓶进行加热。安放气瓶的地点周围 10 m 范围内不应进行明火或可能产生火花的工作。

（3）在可能造成气体回流的瓶装气体使用场合，用气设施上应当配置防止倒灌的装置，如单向阀、止回阀、缓冲罐等。气瓶防回火装置、减压器、压力表、安全帽等安全防护装置必须齐全有效，皮管用夹头紧固，不漏气，各类气瓶的减压器不准互相代用，也应确保不漏气。

（4）在瓶内压力较高、不能直接使用气体的场合，应当在气瓶出气口装设减压阀，减压阀应当符合相关标准的规定，并且在有效期内使用；减压阀与气瓶阀门应连接牢固、密封可靠。

（5）瓶内气体不得用尽，必须留有剩余压力或质量。永久气体气瓶的剩余压力应不小于 0.05 MPa。液化气体气瓶应留有不少于 0.5% ~1.0% 规定充装量的剩余气体，并关紧阀门，防止漏气，使气压保持正压。禁止自行处理气瓶内的残液。

（6）气瓶立放时应采取防止倾倒的措施。

（7）严禁在气瓶上进行电焊引弧。禁止将气瓶与电气设备及电路接触，以免形成电气回路，与气瓶接触的管道和设备要有接地装置，防止产生静电造成燃烧或爆炸。在气、电焊混合作业的场地，要防止氧气瓶带电，如地面是铁板，要垫木板或胶垫加以绝缘。

（8）禁止将移动式压力容器内的气体直接对气瓶进行倒装或者将气瓶内的气体直接对其他气瓶进行倒装。

（9）气瓶外观应无裂纹、鼓包、凹陷，无机械性损伤，无严重腐蚀、灼痕。瓶阀阀体无裂纹和异常变形。气瓶投入使用后，不得对瓶体进行挖补、焊接修理，严禁擅自更改气瓶的钢印和颜色标记，禁止敲击、碰撞气瓶。

（10）近距离移动气瓶时，应手搬瓶肩转动瓶底。移动距离远时，可用轻便小车运送，严禁抛、滚、滑翻。气瓶在工地使用时，应将其放在专用车辆上或将其固定使用。

（11）使用氧气或氧化性气体气瓶时，操作者应仔细检查自己的双手、手套、工具、减压器、瓶阀等有无沾染油脂。凡有油脂的，必须清理干净后，方可操作。氧气瓶和氧化性气体气瓶与减压器或汇流排连接处的密封垫，不得采用可燃性材料。

（12）氧气瓶、乙炔瓶及其减压器等，禁止与油类接触，操作人员严禁穿戴有油污的工作服和手套、使用沾染油类的工具。使用中的乙炔瓶不准倒放，与乙炔接触的部件（仪表、管道、附件等）严禁使用含铜量大于 70% 的铜、银合金。

（13）应缓慢地开启或关闭瓶阀，特别是盛装可燃气体的气瓶，以防止产生摩擦热或静电火花。打开气瓶阀门时，人站的位置要避开气瓶出气口。发现瓶阀漏气或打开无气体或存在其他缺陷时，应将瓶阀关闭，并做好标识，返回气瓶充装单位处理。

（14）气瓶应在通风良好的场所使用。如果在通风条件差或狭窄的场地里使用气瓶，应采取相应的安全措施，以防止出现氧气不足，或危险气体浓度加大的现象。安全措施主要包括强制通风、氧气检测和气体检测等。

（15）乙炔气瓶不得放在橡胶等绝缘体上。使用前，必须先直立 20 min 后，然后连接减压阀使用，和氧气瓶使用时应分开放置，至少保持 5 m 间距，且距明火 10 m 以外。使用过程中，开闭乙炔气瓶瓶阀的专用扳手应始终装在阀上。暂时中断使用时，必须关闭焊、割工具的阀门和乙炔气瓶瓶阀，严禁手持点燃的焊、割工具调节减压器或开、闭乙炔气瓶瓶阀。气瓶瓶阀出口处必须配置专用的减压器或回火防止器。使用减压器时必须带有加紧装置与瓶阀结合。正常使用时，乙炔气瓶的放气压降不得超过 0. 1 WPa/h。如需较大流量时，应采用多只乙炔气瓶汇流供气。

（16）氢气瓶使用区域应通风良好，采用机械通风的建筑物，进风口应设在建筑物下方，排风口设在上方。

（17）液化石油气瓶底座无变形、脱落、腐蚀、磨损、破裂等，钢瓶必须直立使用，且稳定性良好，不得卧放或倒置，放置位置不得靠近热源和明火，不能在太阳下曝晒，不准用火烤、浇热水等方法加热气瓶。在使用时要有专人看管，使用方法是“先点火、后开气，做到火等气”。

（18）纤维缠绕气瓶外表面清洁，磨损、划伤、撞击损伤、白斑、分层、结构损伤、热损伤、化学品腐蚀损伤应符合 GB 24161 的相关要求。

（19）焊接绝热气瓶在盛装低温液体达到平衡状态下无结霜、冒汗现象。分配头无变形、开裂等现象，底座无变形，无异常倾斜现象。

（20）溶解乙炔气瓶钢瓶表面不得有深度超过 0. 5 mm 的凹坑、划伤和腐蚀等缺陷。熔合金塞齐全完好，易熔塞塞座无塌陷、开裂或影响易熔塞更换的变形。乙炔气瓶严禁放置在放射性射线源场所。

（21）气瓶使用完毕后应关闭阀门，释放减压器压力，并佩戴好瓶帽。空瓶上应标有“空瓶”标签：已用部分气体的气瓶，应标有“使用中”标签：未使用的满瓶气瓶，应标有“满瓶”标签。

第四节　气瓶常见事故类型及防范

一、气瓶的危险性及危险要素

已充气的气瓶由于管理不善等因素，可能引起漏气或爆炸。

（1）由于使用或保管中受到阳光、明火或其他热辐射作用，瓶中气体受热，压力急剧增加直至超过气瓶钢材强度，而使气瓶产生永久变形，甚至爆炸。

（2）气瓶搬运中未戴瓶帽或碰击等原因使瓶颈上或阀体上的螺纹损坏，瓶阀可能被瓶内压力冲脱瓶颈，在这种情况下气瓶将高速地向排放气体相反方向飞行，造成严重事故。

（3）未按规定进行技术检验，由于锈蚀使气瓶壁变薄及气瓶的裂纹等原因导致事故。

（4）气瓶在搬运、使用过程中发生坠落、倾倒而造成事故。

（5）气瓶漏气和物理爆炸往往伴随着易燃、易爆、有毒、窒息性气体的释放，可能引起火灾、爆炸、中毒、窒息、冻伤等二次伤害。

二、气瓶常见事故类型及其防范

气瓶事故前，往往会有一些事故征兆，例如，已充装的二氧化碳气瓶，连续不断地出现瓶阀的安全装置爆炸片爆破，这表明瓶内的压力值大于规定的公称工作压力，气瓶有可能发生爆炸。气瓶的常见事故、事故征兆、破坏形式、原因及预防措施见表7－4。

表7－4　气瓶的常见事故、事故征兆、破坏形式、原因及预防措施

常见事故	事故征兆	破坏形式	原　　因	预防措施
液氯钢瓶爆炸	事故前瓶体发热；易熔塞泄露；还可见到瓶体鼓包等异常现象	1. 钢瓶爆炸致人伤亡 2. 瓶内液氯溢出，沿地面迅速扩散，造成人、动物中毒死亡，植物枯萎	使用时倒入水或其他能引起化学反应的物质，与氯发生强烈化学反应，放出热量，致使气瓶爆炸	气瓶应留有不少于1.0%规定充装量的剩余气体
毒性气体泄漏	大部分毒气气体开始出现微漏时即可闻到气味	毒性气体浓度一定，致人死亡或中毒	1. 瓶阀关闭不严 2. 气瓶焊缝等部位泄漏	1. 严格气瓶的定期检验 2. 毒性气体存放期不超过规定，定时检漏或可靠监测 3. 良好通风

表7-4（续）

常见事故	事故征兆	破坏形式	原　因	预防措施
可燃气体泄漏	开始出现微漏时，即可闻到气味	发生燃烧或爆炸	1. 瓶阀关闭不严 2. 气瓶焊缝等部位泄漏	1. 严格气瓶的定期检验 2. 毒性气体存放期不超过规定，定时检漏或可靠监测 3. 良好通风
氧与可燃物混合爆炸	1. 气瓶的外表颜色标志及瓶阀等有异常 2. 氧气瓶存在油脂污染	化学爆炸能量大，对人员及建筑设施破坏大	1. 气瓶改装、混装、错装所致 2. 氧气瓶中可燃气体（如 H_2 等）超标	1. 气瓶必须专用，不得改装 2. 保持氧气瓶干净，无油脂污染
回火燃爆	乙炔气瓶回火燃爆	化学爆炸能量大，对人员及建筑设施破坏大	乙炔气瓶没有装设回火防止器或回火防止器失效	瓶阀出口处必须配置专用的减压器和回火防止器。正常使用时，放气压力不得超过0.15 MPa，放气流量不得超过0.05 m^3/h
液化石油气钢瓶火灾爆炸	乱倒残液而导致火灾，引起爆炸	乱倒残液，因气体挥发，遇火源引发火灾、爆炸	违章乱倒残液	液化石油气的残液应按规定在专门装置上封闭处理
	因泄漏而导致火灾爆炸，可闻到较浓气味	泄漏的液化石油气与空气混合，达到爆炸极限，一旦遇到火灾，即可爆炸	1. 角阀关闭不严 2. 气瓶某处泄漏	1. 气瓶按时送检不超期使用 2. 储存场所应良好通风 3. 避免火源
	未经减压供气；液态气体气瓶倾倒	造成火灾，甚至爆炸	1. 气瓶倒地液态石油气排出挥发 2. 未经减压控制供气	1. 气瓶牢固立放，有防止倾倒措施 2. 减压供气

三、典型事故案例

（一）案例一

事故经过：某项目部施工工地，一批气瓶被送到事故现场，在装卸工将气瓶从车上卸下时，一气瓶发生爆炸，造成装卸工2人死亡，1人受伤。

事故原因：装卸工野蛮装卸，导致气瓶受到强烈冲击，引起爆炸。

事故教训：气瓶装卸应严格落实安全操作要求，轻装、轻卸，严禁抛、滑、滚、碰、撞、敲击气瓶，严禁拖拽、随地平滚、顺坡横或竖滑下或用脚踢；严禁肩扛、背驮、怀抱、臂挟、托举等，搬动气瓶时应使用专用工具。

（二）案例二

事故经过：某气体经销部搬运工在气瓶存放间用减压表测量氧气瓶内压力时，气瓶发生爆炸。事故造成4人当场死亡，2人重伤，其中1名重伤人员在医院抢救无效死亡。

事故原因：经事故气瓶检查，爆炸的气瓶碎片内表面未发现油脂、炭黑等痕迹。对同批气瓶内气体分析，未发现可燃气体成分，排除气体混装可能性。但在气瓶阀和减压器接口处有烧损及碳黑存在。认定事故原因是由于减压器混用，其内部存有油脂。在测压时，高压氧气接触油脂造成燃烧及爆炸。

事故教训：任何人都不可用沾染油污的工作服、手、手套及工具等接触氧气瓶和其附件，如减压器、瓶阀等，以免沾染油脂而发生燃烧。氧气瓶上应配瓶帽，以免碰坏氧气瓶阀门，被油脂或尘埃侵入。

小结

本章主要介绍了气瓶及其安全附件的基本知识，介绍了气瓶安全管理和使用的要求，使学员掌握气瓶储存、使用操作相关要求。

思考与讨论

1. 气瓶的主要分类有哪些？
2. 气瓶的危险有害性主要有哪些？
3. 在使用气瓶时有哪些注意事项？

第八章　压力管道安全技术

第一节　压力管道基本知识

压力管道，是指利用一定的压力，用于输送气体或者液体的管状设备，其范围规定为最高工作压力大于或者等于 0.1 MPa（表压），介质为气体、液化气体、蒸汽或者可燃、易爆、有毒、有腐蚀性、最高工作温度高于或者等于标准沸点的液体，且公称直径大于或者等于 50 mm 的管道。公称直径小于 150 mm，且其最高工作压力小于 1.6 MPa（表压）的输送无毒、不可燃、无腐蚀性气体的管道和设备本体所属管道除外。其中，石油天然气管道的安全监督管理还应按照《安全生产法》《石油天然气管道保护法》等法律法规实施。

一、压力管道的工作特点

（1）压力管道是一个系统，相互关联相互影响，牵一发而动全身。

（2）压力管道长径比很大，极易失稳，受力情况比压力容器更复杂。压力管道内流体流动状态复杂，缓冲余地小，工作条件变化频率比压力容器高（如高温、高压、低温、低压、位移变形、风、雪、地震等都有可能影响压力管道受力情况）。

（3）管道组成件和管道支撑件的种类繁多，各种材料各有特点和具体技术要求，材料选用复杂。

（4）管道上的可能泄漏点多于压力容器，仅一个阀门通常就有 5 处。

（5）压力管道种类多，数量大，设计、制造、安装、检验、应用管理环节多，与压力容器大不相同。

二、压力管道的分类

压力管道按其危害程度进行分类分级，根据分级实施安全监察。根据《市场监管总局关于特种设备行政许可有关事项的公告》(2019 年第 3 号)，压力管道分为以下 3 类：

（一）长输管道

长输管道是指产地、储存库、使用单位之间的用于输送商品介质的管道。划分为 GA1 级和 GA2 级。

1. GA1 级

（1）设计压力大于或者等于 4.0 MPa（表压，下同）的长输输气管道。

（2）设计压力大于或者等于 6.3 MPa 的长输输油管道。

2. GA2 级

GA1 级以外的长输管道为 GA2 级。

（二）公用管道

公用管道是指城市或乡镇范围内的用于公用事业或民用的燃气管道和热力管道。划分为 GB1 级和 GB2 级。

1. GB1 燃气管道

由门站、储配站、各类气源厂站等燃气厂站至用户之间或厂站之间公用性质的燃气管道及其附属设施。附属设施包括线路阀室、调压站（含调压箱）、凝水缸等。

2. GB2 热力管道

由热源出口分界点至热用户（民用或工业）进口分界点之间，敷设在城镇范围内的蒸汽管道和热水管道及其附属设施。其中蒸汽介质设计压力小于或等于 2.5 MPa，设计温度小于或等于 350 ℃；热水介质设计压力小于或等于 2.5 MPa，设计温度小于或等于 200 ℃。

（三）工业管道

工业管道是指企业、事业单位所属的用于输送工艺介质的工艺管道、公用工程管道及其他辅助管道，划分为 GC1 级、GC2 级、GC3 级。如图 8－1 所示。

图 8－1　工业管道示意图

1. GC1 级

符合下列条件之一的工业管道，为 GC1 级：

(1) 输送《危险化学品目录》中规定的毒性程度为急性毒性类别 1 介质、急性毒性类别 2 气体介质和工作温度高于其标准沸点的急性毒性类别 2 液体介质的工艺管道。

(2) 输送《石油化工企业设计防火规范》《建筑设计防火规范》中规定的火灾危险性为甲、乙类可燃气体或者甲类可燃液体（包括液化烃），并且设计压力大于或者等于 4.0 MPa 的工艺管道。

(3) 输送流体介质，并且设计压力大于或者等于 10.0 MPa，或者设计压力大于或者等于 4.0 MPa 且设计温度高于或者等于 400 ℃的工艺管道。

2. GC2 级

(1) GC1 级以外的工艺管道。

(2) 制冷管道：一般指工业制冷系统中输送制冷剂介质的管道。

3. GC3 级

动力管道：发电厂用于输送蒸汽、汽水两相介质的管道。

由于二院作业场所使用的压力管道均为工业管道，故本章节均以工业管道进行介绍。

第二节 工业管道安全附件

一、安全泄压装置

工业管道安全泄压装置的通用要求：

(1) 除特殊情况外，处于运行中可能超压的管道系统均应设置泄压装置。泄压装置可采用安全阀、爆破片装置或者两者组合使用。

(2) 不宜使用安全阀的场合可以使用爆破片。

(3) 安全阀应按照需要排放的气（汽）体或液体介质进行选用，并考虑背压的影响。安全网或爆破片的入口管道和出口管道上不宜设置切断阀。但工艺有特殊要求必须设置切断阀时，应设置旁通阀及就地压力表，而且正常工作时安全阀或爆破片入口或出口的切断阀应在开启状态下锁住，旁通阀应在关闭状态下锁住。

二、用于控制介质压力和流动状态的装置

1. 止回阀

在需防止流体倒流的工业管道上，应设置止回阀。在燃气管道的高压储存门站、储配站调压工艺系统的燃气入口处，也应当装设止回阀。

2. 切断装置

(1) 紧急切断装置。可燃液化气或者可燃压缩气贮运和装卸设施中，重要

的气相和液相管道应当设置紧急切断装置。紧急切断装置包括紧急切断阀、远程控制系统和易熔塞自动切断装置。远程控制系统的关闭装置应当装在人员易于操作的位置，易熔塞自动切断装置应当设在环境温度升高至设定温度时，能自动关闭紧急切断阀的位置。

（2）切断阀。工业管道中进出装置的可燃、易爆、有毒介质管道应在边界处设置切断阀，并在装置侧设“8”字盲板。

三、阻火器

阻火器是用来阻止易燃气体、液体的火焰蔓延和防止回火而引起爆炸的安全装置。通常安装在可燃易爆气体、液体的管路上，当某一段管路发生事故时，阻止火焰影响另一段管道和设备。

1. 阻火器的型式

阻火器按其结构型式可以分为金属网型、波纹型、泡沫金属型、平行板型、多孔板型、水封型、充填型等；按功能可分为燃爆型和轰爆型。其中爆燃型阻火器是用于阻止火焰以亚音速通过的阻火器，轰爆型阻火器是用于阻止火焰以音速或超音速通过的阻火器。

2. 阻火器的选用要求

（1）阻火器主要是根据介质的化学性质、温度、压力进行选用。

（2）选用阻火器时，其最大间隙应不大于介质在操作工况下的最大试验安全间隙。

（3）选用的阻火器的安全阻火速度应大于安装位置可能达到的火焰传播速度。

（4）阻火器的壳体要能承受介质的压力和允许的温度，还要能耐介质的腐蚀。

（5）阻火器的填料要有一定强度，且不能与介质起化学反应。

3. 阻火器的设置要求

（1）管端型放空阻火器的放空端应当安装防雨帽。

（2）工艺物料含有颗粒或者其他会使阻火元件堵塞的物质时，应当在阻火器进、出口安装压力表，监控阻火器的压力降。

（3）工艺物料含有水汽或者其他凝固点高于 0 ℃的蒸汽（如醋酸蒸汽等），有可能发生冻结的情况，阻火器应当设置防冻或者解冻措施，如电伴热、蒸汽盘管或者夹套和定期蒸汽吹扫等。对于水封型阻火器，可采用连续流动水或者加防冻剂的方法防冻。

（4）阻火器不得靠近炉子和加热设备，除非阻火单元温度升高不会影响其阻火性能。

（5）单向阻火器安装时，应当将阻火侧朝向潜在点火源。

四、放散管

放散管是一种专门用来排放管道中的空气或燃气的装置。在管道投入运行时利用放散管排空管内的空气，防止在管道内形成爆炸性的混合气体。在管道或设备检修时，可利用放散管排空管内的燃气。

五、防静电设施

可燃介质管道应有静电接地设施，并测量各连接接头间的电阻值和管道系统的对地电阻值。这些电阻值超过标准或者设计文件规定时，应当设置跨接导线（在法兰和螺纹接头间）和接地引线。

此外，对于强氧化性流体（氧或氟）管道，应当在管道预制后、安装前分段或单件进行脱脂，脱脂的范围应当包括所有管道组成件与流体接触的表面。应当采取措施避免管道内部残存的脱脂介质与氧气形成危险的混合物。

六、泄漏气体安全报警装置

在易燃易爆场所。通常要安装泄露气体安全报警装置。根据传感器安装在管道的具体部位，泄漏监测技术可分为外监测和内监测两种。

七、阴极保护装置

在埋地敷设的线路中，设置阴极保护装置是目前防止管道受地下外部环境影响而产生腐蚀破坏的最重要的措施之一。阴极保护有牺牲阳极法和强制电流法两种保护形式。

八、压力表、温度计

工业管道上装设的压力表必须与使用介质相适应。低压管道使用的压力表精度应当不低于2.5级，中压、高压管道使用的压力表精度应当不低于1.5级。

工业管道上使用的温度计，主要用于测量介质的温度。其选用、装设等要符合相应的安全技术规范和设计标准的要求。

第三节　工业管道安全管理

一、一般安全管理要求

（一）一般要求

不得在可通行管沟内布置GC1级管道，不得在通道、道路的上方安装阀门、法兰、螺纹接头以及带填料的补偿器。氧气管道的阀门严禁使用闸阀，蝶阀和球阀应采用齿轮转动，阀门的进、出口法兰上应有导电接地螺栓。

输送助燃、易燃、易爆介质的管道，凡少于5枚螺钉连接的法兰应接跨接线，平行管道净距小于 100 mm 时，应每隔 20 m 加跨接线。当管道交叉且净距小于 100 mm 时，应加跨接线。管道在进出装置区（含生产车间厂房处）、分支处应进行接地。长距离管道应在始端末端、分支处以及每隔 100 m 接地一次。接地电阻应小于 100 Ω，定期检测合格，并保留记录。

储存甲、乙和丙 A 类液体的钢储罐，直径大于等于 2.5 m 或容积大于等于 50 m^3 的设备，其接地点不应少于 2 处，接地点应沿设备外围均匀布置，其间距不应大于 30 m。

碳钢支吊架与有色金属或不锈钢管道不应直接接触。架空管道下方如允许车辆通行时，应悬挂限高标志。

（二）使用安全管理要求

工业管道的使用单位负责本单位管道的安全工作，保证管道的安全使用，对管道的安全性能负责。使用单位应当按照有关规定，配备必要的资源和具备相应资格的人员从事工业管道安全管理、安全检查、操作、维护保养和一般改造、维修工作。

使用单位应当配备一名人员负责工业管道安全管理工作。管道数量较多的使用单位，应当设置安全管理机构或者配备专职的安全管理人员，在使用管道的班组、装置均应当有管道的专职或者兼职安全管理人员。其他使用单位，应当根据情况设置工业管道安全管理机构或者配备专职、兼职的安全管理人员。管道的安全管理人员应当具备管道的专业知识，熟悉国家相关法规标准，经过管道安全教育和培训，取得特种设备作业人员证后，方可从事管道的安全管理工作。

管道使用单位应当使用符合标准要求的工业管道，管道操作工况超过设计条件时，应当符合 GB/T 20801 关于允许超压的规定。新工业管道投入使用前，使用单位应当核对是否具有符合要求的安装质量证明文件。

管道使用单位应当建立管道安全技术档案并且妥善保管，应当按照管道有关法规、安全技术规范及其相应标准，建立管道安全管理制度并且有效实施。应当在工艺操作规程和岗位操作规程中，明确提出管道的安全操作要求。管道的安全操作要求至少包括以下内容：

（1）管道操作工艺指标，包括最高工作压力、最高工作温度或者最低工作温度。

（2）管道操作方法，包括开、停车的操作方法和注意事项。

（3）管道运行中重点检查的项目和部位，运行中可能出现的异常现象和防止措施，以及紧急情况的处置和报告程序。

使用单位应当对管道操作人员进行管道安全教育和培训，保证其具备必要的管道安全作业知识。管道操作人员应当在取得特种设备作业人员证后，方可从事管道的操作工作。管道操作人员在作业中应当严格执行工业管道的操作规程和有关的安全规章制度。操作人员在作业过程中发现事故隐患或者其他不安全因素，应当及时向现场安全管理人员和单位有关负责人报告。

管道发生事故有可能造成严重后果或者产生重大社会影响的使用单位，应当制定应急救援预案，建立相应的应急救援组织机构，配置与之适应的救援装备，并且适时演练。

管道使用单位，应当按照《压力管道使用登记管理规则》的要求，办理管道使用登记，登记标志置于或者附着于管道的显著位置。使用单位应当建立定期自行检查制度，检查后应当做出书面记录，书面记录至少保存 3 年。发现异常情况时，应当及时报告使用单位有关部门处理。在用管道发生故障、异常情况，使用单位应当查明原因。对故障、异常情况以及检查、定期检验中发现的事故隐患或者缺陷，应当及时采取措施，消除隐患后，方可重新投入使用。

不能达到合乎使用要求的管道，使用单位应当及时予以报废，并且及时办理管道使用登记注销手续。使用单位应当对停用或者报废的管道采取必要的安全措施。管道发生事故时，使用单位应当按照《特种设备事故报告和调查处理规定》及时向质检部门等有关部门报告。

（三）操作安全管理要求

管道的运行状况与相关设备及其控制系统的运行状况紧密相关，相互之间会产生直接影响。所以管道的运行操作过程实际上就是生产装置运行操作过程的有机构成部分。

工业管道操作过程中，操作人员应严格控制工艺指标，正确操作，严禁超压、超温运行；加载和卸载速度不能太快；高温或低温（-20 ℃以下）条件下工作的管道，加热或冷却应缓慢进行；开工升温过程中，高温管道需对管道法兰连接螺栓进行热紧，低温管道需进行冷紧：管道运行时应尽量避免压力和温度的大幅波动；尽量减少管道开停次数。

1. 操作工艺条件的控制

压力和温度是管道运行过程中的两个主要工艺控制指标，只有严格按照安全操作规程进行操作，才能保证管道系统的稳定运行。管道内介质的流量及流动情况也是影响管道运行的重要指标，操作过程也应加以控制。

2. 交变载荷控制

管道交变载荷的特点是应力较大而交变频率较低。在交变载荷的作用下，在几何结构不连线和焊缝附近存在应力集中的地方，材料容易发生低周疲劳破坏。

3. 腐蚀性介质含量控制

在用工业管道对腐蚀性介质含量及工况应有严格的工艺指标进行控制。管道操作过程中，腐蚀性介质含量的超标，原料介质的恶劣，必然对管道材料包括焊接接头产生危害，如加快腐蚀速度，出现晶间腐蚀、应力腐蚀等。

（四）工业管道安全可视化要求

1. 工业管道着色

工业管道着色应参照《工业管道的基本识别色、识别符号和安全标识》（GB 7231）执行。工业管道的基本色用以识别工业管道内物质种类的颜色，根据管道内介质的一般性能，规定了 8 种基本识别色及相应的颜色标准编号（表 8－1）。

表 8－1　8 种基本识别色及颜色标准编号

物质种类	基本识别色	颜色标准编号
水	艳绿	G03
水蒸气	大红	R03
空气	淡灰	B03
气体	中黄	Y07
酸或碱	紫	P02
可燃液体	棕	YRO5
其他液体	黑	
氧	淡蓝	PB06

2. 工业管道色环

色环的要求如下：

（1）尺寸为 150 mm × 300 mm。

（2）字体为黑体。

3. 色环布置

色环布置的要求如下：

（1）直线管路色环之间的最大距离应为 10 m。

（2）其标识的场所应包括所有管道的起点、终点、交叉点、转弯处、阀门和穿墙孔两侧等的管道上和其他需要标识的部位。

（3）管路全部进行标识则无需设置色环，但应用黑色箭头标出流向。

（4）根据管道内物质，应在管道表面上进行注字，如“空气”“氧气”“氮气”“乙炔”等。

4. 表计刻度及其安全范围

表计刻度及其安全范围的要求如下：

（1）水位计所有的表计都应有刻度，且应根据表计所显示的安全刻度进行颜色标识。

（2）水位计应标明最低水位和最高水位，尺寸为150 mm×150 mm，字体为黑体，位置为水位计右侧（标签左端紧邻水位计，标签高度视最低水位与最高水位决定，标签内红线高度应与最低水位与最高水位等高）。

5. 阀门

阀门的要求如下：

（1）用文字或“箭头+文字”表示阀门开关方向。

（2）对因操作可能造成严重危害的措施，应在其旁设置有安全操作注意事项的标牌，尺寸为100 mm×150 mm。

二、工业管道的维护保养和检查

维护保养是延长管道使用周期的基础，工业管道日常维护保养工作，使用单位应做好以下事项：

（1）经常检查管道的腐蚀防护系统，确保管道腐蚀防护系统有效。

（2）阀门操作机构要经常除锈上油并定期进行活动，保证其开关灵活。

（3）安全阀、压力表要经常擦拭，确保其灵活、准确，并按时进行检查和校验。

（4）定期检查紧固螺栓完好状况，做到数量齐全、不锈蚀、丝扣完整、连接可靠。

（5）发现管道因外来因素产生较大振动或摩擦等情况时，应分析原因并消除异常振动和摩擦。

（6）静电跨接和接地装置要保持良好完整，及时消除缺陷，防止故障发生。

（7）及时消除跑冒滴漏。

（8）管道的底部和弯曲处是系统的薄弱环节，最易发生腐蚀和磨损，因此必须经常对这些部位进行检查，发现损坏时，应及时采取修理措施。

（9）禁止将管道及支架作为电焊的零线或起重工具的锚点和撬抬重物的支撑点。

（10）停用的管道应排除管内有毒、可燃介质，并进行置换，必要时作惰性介质保护。管道外表面应涂刷油漆，防止环境因素腐蚀。

三、工业管道故障处理

工业管道日常运行中发生的故障，主要有接头和密封填料处泄漏，管道异常振动和摩擦，安全阀动作失灵，管道内部堵塞和仪表失灵等。

（1）可拆卸接头和密封填料处泄漏是管道系统常见故障，焊接接头有时也会因内部缺陷发展而发生泄漏。操作维修人员在可拆卸接头和密封填料处发现问题后，一般可采取紧固措施消除泄漏，但不得带压紧固连接件。

（2）管道发生异常振动和摩擦时，应采取隔断振源、调整支撑、使相互摩擦的部位隔离等措施。

（3）安全阀动作失灵时，应停车或泄压后对安全阀进行检查和调试，如发现阀座处有异物、密封副损坏、弹簧锈死或损坏等情况，应进行修理。

（4）工业管道内部堵塞往往是由于操作条件控制不当造成介质的黏度过大而引发的，应停车进行清理。

（5）仪表失灵可能是仪表本身质量问题或由于操作条件超出仪表的最大测量能力而发生的，应由专业人员进行检查和更换。

四、工业管道定期检验

（一）工业管道定期检验

管道的定期检验，即全面检验，是指特种设备检验机构（以下简称检验机构）按照一定的时间周期，根据相关安全技术规范及相应标准的规定，对管道安全状况所进行的符合性验证活动。

定期检验应在年度检查的基础上进行。工业管道使用单位应当按照安全技术规范的定期检验要求，在安全检验合格有效期届满前 1 个月向特种设备检验检测机构提出定期检验要求。未经定期检验或者检验不合格的工业管道，不得继续使用。

定期检验工作的一般程序，包括检验方案制定、检验前的准备、检验实施、缺陷以及问题的处理、检验结果汇总、出具检验报告等。

管道定期检验的安全状况分为 1 级、2 级、3 级和 4 级，共 4 个级别，检验机构应当根据定期检验情况，评定管道安全状况等级。管道一般在投入使用后 3 年内进行首次定期检验。以后的检验周期由检验机构根据管道安全状况等级，按照以下要求确定：

（1）安全状况等级为 1 级、2 级的，GC1、GC2 级管道一般不超过 6 年检验一次，GC3 管道不超过 9 年检验一次。

（2）安全状况等级为 3 级的，一般不超过 3 年检验一次。在使用期间内，使用单位应当对管道采取有效的监控措施。

（3）安全状况等级为 4 级的，使用单位应当对管道缺陷进行处理，否则不得继续使用。

（二）检验周期的缩短

有下列情况之一的管道，应当适当缩短定期检验周期：

（1）介质或者环境对管道材料的腐蚀情况不明或者腐蚀减薄情况异常的。

（2）具有环境开裂倾向或者产生机械损伤现象，并且已经发现开裂的。

（3）改变使用介质，并且可能造成腐蚀现象恶化的。

（4）材质劣化现象比较明显的。

（5）使用单位未按照相关规定进行年度检查的。

（6）基础沉降造成管道挠曲变形影响安全的。

（7）检验中怀疑存在其他影响安全因素的。

（三）未按期进行定期检验的情况

因特殊情况未按期进行定期检验的管道，由使用单位出具书面申报说明情况经使用单位安全管理负责人批准，征得上次承担定期检验的检验机构同意（首次检验的延期除外），可以延期检验；或者由使用单位提出申请，按照相关规定办理。

对未按期进行定期检验的管道，使用单位应当采取有效的监控与应急管理措施。

第四节　工业管道常见事故类型及防范

一、工业管道的危险性及危险要素

工业管道的危险因素及预防控制措施见表 8－2。

表 8－2　工业管道可能存在的危险因素及控制措施

序号	危险因素类别	危　害　因　素	预防/控制措施
1	人员	未按规定配置安全管理人员	1. 建立特种设备安全管理人员管理制度 2. 定期检查人员证件
2	人员	未按规定定期开展安全培训，培训未覆盖相关人员	1. 建立人员安全培训制度 2. 定期对相关人员进行培训教育和考核

表8-2（续）

序号	危险因素类别	危害因素	预防/控制措施
3	管理	未按规定办理使用登记和按时申报检验	建立并严格执行使用登记、定期检验管理制度
4		未建立安全技术档案；档案文件内容和保存期限不满足相关规定	建全安全管理技术档案管理
5		未定期开展日常维护保养、安全检查	定期开展日常维护保养、安全检查
6		未建立工业管道操作规程	1. 建立完善操作规程 2. 加强人员培训并组织实施
7		安全隐患未及时整改或未按规定采取监控措施，使用存在隐患的工业管道	制定工业管道隐患整改计划，明确监控措施及责任人
8		未建立岗位责任、隐患治理、应急救援等安全管理制度，制定操作规程或相关制度不完善	及时建立健全各类安全管理制度和操作规程
9		未及时办理使用登记、变更登记、停用、报废（注销）等相关手续	按规定办理使用登记、变更登记、停用、报废（注销）等相关手续
10		未对已报废的工业管道去功能化处理，未对办理停用的工业管道采取有效的保护措施	1. 加强对报废的工业管道管理，及时采取必要措施消除使用功能 2. 加强停用工业管道管理，采取有效保护措施，且设置停用标志
11		未按规定开展工业管道年度检查、定期检验，办理延期检验的未采取有效监控	1. 按规定开展工业管道年度检查、定期检验 2. 延期检验的工业管道经检验机构确认及使用登记机构备案后采取有效措施监控使用
12		未落实工业管道安全事故报告义务，未采取有效措施防止事故扩大	1. 严格落实工业管道安全事故报告制度 2. 及时采取有效措施防止事故扩大
13		未建立工业管道、安全附件、操作人员台账	建立健全工业管道、安全附件、操作人员台账，并进行动态管理
14		未建立特种设备事故应急专项预案，并定期演练	1. 建立并完善特种设备事故应急专项预案 2. 按技术规范要求定期开展应急演练，并留存演练记录

表 8－2（续）

序号	危险因素类别	危害因素	预防/控制措施
15	设备	管道组成件、焊接接头有无裂纹、过热、变形、损伤等缺陷	1. 对管道严格验收要求 2. 必要时采取监控、隔离、维修等安全措施，并做好预案，及时消除隐患
16		工业管道膨胀受阻，膨胀补偿装置存在缺陷	查明并消除受阻原因，确保自由膨胀
17		存在阀门表面腐蚀、阀体有裂纹、严重缩孔、连接螺栓松动等情况	查明原因，消除隐患
18		存在法兰偏口以及异常翘曲、变形、泄漏，紧固件不齐全、松动、腐蚀等情况	查明原因，消除隐患
19		工业管道与相邻构件异常振动、响声或者相互摩擦	1. 查明异常发生原因，及时消除隐患 2. 制定运行、检修规程，按规程处置，避免疲劳运行 3. 必要时采取监控、隔离、维修等安全措施，并做好预案
20		保温隔热层、防腐层破损，绝热层潮湿跑冷，结霜结露	1. 检查破损部位工业管道是否存在损伤 2. 及时对破损部位进行恢复 3. 查明异常发生原因，及时消除隐患
21		非金属衬里或非金属管损坏	1. 查明异常发生原因，及时消除隐患 2. 必要时，采取监控、隔离、维修等安全措施，并做好预案
22		存在支吊架变形、脱落、腐蚀、损坏、失载、基础沉降等情况	加强日常检查监控，必要时及时进行修复
23		运行期间超压、超温等	1. 制定运行操作规程，并严格执行 2. 必要时进行检验、评估
24		接地装置不符合要求	1. 查明异常原因，并及时处理 2. 接地装置进行定期测量
25		漆色、标志等不符合要求	按规定完善漆色、标志等
26	安全附件和安全保护装置	安全阀的铅封、校验标签缺失，未在验有效期内；安全阀根部阀未常开	1. 重新校验安全阀 2. 对安全阀铅封、校验标签采取保护措施 3. 安全阀根部阀保持常开并锁定

表 8-2（续）

序号	危险因素类别	危害因素	预防/控制措施
27	安全附件和安全保护装置	爆破片泄漏、反装，未定期更换	1. 查明泄漏原因并消除 2. 确认爆破片的安装方向 3. 制定爆破片定期更换计划并实施
28		压力表选型错误，未在检定有效期内，刻度盘上无指示工作压力的红线，压力表损坏	1. 根据工况选取符合要求的压力表 2. 制定压力表定期检定计划并实施 3. 刻度盘上标出工作压力的红线 4. 及时更换损坏的压力表
29		存在阻火器泄漏、反装及其他异常情况	1. 查明泄漏原因并消除 2. 确认阻火器的安装方向（限单向阻火器）
30		紧急切断装置未定期调试，功能失效	1. 定期对紧急切断装置调试，确保功能有效 2. 必要时对远控联锁功能进行测试
31		蠕胀测点或蠕胀量异常	1. 修复蠕胀测点或蠕胀测量带 2. 采取监控、隔离、维修等安全措施，并做好预案
32		使用未取得生产许可生产证或未经检验合格的工业管道（含工业管道元件）	严格采购管理，使用取得生产许可证并经检验合格的工业管道（含工业管道元件）
33		阴极保护装置失效	修复或加装阴极保护装置
34		测温仪表未定期校验	制定测温仪表定期校验计划并实施
35	环境	放空（气）阀和排污（水）阀位置设置不合理，存在异常集气、积液等情况	放空（气）阀和排污（水）阀设置应符合相应规定
36		工业管道的安全距离、安全防护措施不符合要求	与特种设备安全相关的建筑物、附属设施，应当符合有关法律、行政法规和标准的要求

注：本表所列危险因素仅供学习参考，在实际中应根据现场实际情况进行详细分析并加以预控。

二、工业管道常见事故类型及其处理和防范

（一）工业管道常见事故类型

1. 按设备破坏程度分类

工业管道意外事故依照设备破坏程度分为爆炸事故、严重损坏事故和一般损

坏事故。

爆炸事故是指工业管道在使用中或压力试验时，受压部件发生破坏，设备中介质蓄积的能量迅速释放，内压瞬间降至外界大气压力以及工业管道泄漏而引发的各类爆炸事故。

严重损坏事故是指由于受压部件、安全附件、安全保护装置损坏以及因泄漏而引起的火灾、人员中毒以及工业管道设备遭到破坏的事故。

一般损坏事故是指工业管道在使用中受压部件轻微损坏而不需要停止运行进行修理以及发生泄漏未引起其他次生灾害的事故。

2. 按照企业职工伤亡事故分类

工业管道事故按照企业职工伤亡事故分类主要可以分为其他爆炸事故、火灾事故、中毒和窒息事故。

其他爆炸事故是工业管道在其试压或运行过程中由于各种原因造成的穿孔、破裂致使系统被迫停止运行的事故。这种事故比较常见，其主要原因有高温高压达到或接近管材的强度极限，腐蚀减薄造成强度降低，管材的内部存在缺陷等。由于管道内的压力过高，导致管道破裂并发生爆炸。

火灾事故是由于管道连接不牢固或管道本身出现损坏，导致介质泄漏。泄漏的介质为可燃物质，在接触到点火源后引发火灾。

中毒和窒息事故是由于工业管道介质泄露，泄露的介质为有毒有害物质，被作业人员或施工人员吸入引起中毒和窒息事故。

3. 工业管道事故的原因

工业管道事故的原因可以归纳为以下几个方面：

（1）设计缺陷。包括管道设计不合理、材料不符合要求等。

（2）施工质量问题。包括焊接质量不过关、管道安装不规范等。

（3）运行维护不当。包括管道未按照规定周期进行检测和维护、未及时处理管道中的异常情况等。

（4）外部因素。包括自然灾害、第三方破坏等。

（二）工业管道事故防范措施

为了防止或减少工业管道的破坏事故，使用单位应采取必要的措施，包括：

（1）管道必须由有资格的设计单位进行设计并符合设计规范的规定。

（2）管道系统应按规定装设安全泄压装置并保持其灵敏好用。

（3）采取有效措施防止大气及介质对管道的腐蚀。

（4）工业管道投用前应进行检查和验收，管道结构、材料、焊接、热处理、压力试验等关键环节必须符合规定要求。

(5) 运行操作必须严格执行操作规程，控制工艺指标，杜绝超温、超压运行。

(6) 检修或局部更换管道时，避免错用或不合理代用而降低管道的极限应力。

(7) 加强对管道的维护检查和定期检验。

(8) 对长期放置不用、维护不良的管道，因发生大面积腐蚀、厚度减薄、强度减弱，再次启用前应按规定进行全面检验。

当工业管道发生安全事故后，使用单位除应迅速采取措施进行处理外，还应注意严格保护事故现场，及时收集有关信息和资料，如现场录制的图像、损坏件的断口状况、原始操作记录以及事故调查报告等，以对事故分析提供客观、科学的依据。

三、典型事故案例

(一) 案例一

事故经过：2016 年 8 月 11 日 14 时 49 分，湖北省当阳市马店矸石发电有限责任公司热电联产项目在试生产过程中，2 号锅炉高压主蒸汽管道上的“一体焊接式长径喷嘴”裂爆，导致发生一起重大高压蒸汽管道裂爆事故，造成 22 人死亡，4 人重伤，直接经济损失约 2313 万元。

事故原因：安装在 2 号锅炉高压主蒸汽管道上的事故喷嘴是质量严重不合格的劣质产品，其焊缝缺陷在高温高压作用下扩展，局部裂开出现蒸汽泄漏，形成事故隐患。相关人员未及时采取停炉措施消除隐患，焊缝裂开面积扩大，剩余焊缝无法承受工作压力造成管道断裂爆开，大量高温高压蒸汽骤然冲向仅用普通玻璃进行隔断的集中控制室以及其他区域，造成重大人员伤亡。

(二) 案例二

事故经过：2013 年 10 月 21 日 8 时 40 分左右，位于山东省东营市垦利县垦利镇黄店村东的新发药业有限公司公用工程管廊发生压力管道导热油泄漏火灾事故，造成人 4 死亡，1 人受伤，直接经济损失 408 万元。

事故原因：事故企业违规违法扩建、使用压力管道，事故管道接头处存有严重的未焊透缺陷，停工时违章未关闭入口阀门导致管线破裂，致使高温导热油泄漏，炸裂 19 车间西墙玻璃窗，导热油由窗口进入室内，引燃地面瓦楞纸纸箱等可燃物，引发火灾。

(三) 案例三

事故经过：2017 年 6 月 28 日 16 时 40 分，青海盐湖工业股份有限公司化工分公司乙炔厂一车间炭黑水处理系统复位工艺管道至炭黑水贮槽作业时发生乙炔爆炸事故，造成4人死亡的较大生产安全事故。

事故原因：

（1）炭黑水贮槽存在缺陷，在设计时未考虑乙炔在炭黑水贮槽中富集的因素；未将炭黑水贮槽划入爆炸性危险区域；未设置惰性气体保护装置、置换措施；炭黑水贮槽顶放空管高度不够。

（2）在施工时未按照设计图纸要求施工；焊缝质量有缺陷。

（3）作业人员违章冒险作业，致使电焊把在摇动过程中落到槽顶部，并遇槽顶积水放电产生火花引燃炭黑水贮槽内溢出的乙炔等易燃易爆气体。

小结

本章主要介绍了压力管道及其附件的基本知识，介绍了工业管道的一般管理要求、管道的维护保养和检查、管道故障处理和定期检验要求，列举了工业管道常见的事故案例和防范措施，使学员掌握工业管道运行、使用、维护保养等安全管理要求。

思考与讨论

1. 工业管道的不安全因素有哪些？
2. 工业管道安全管理的要求有哪些？
3. 工业管道定期检验的规则是什么？

第九章　锅炉安全技术

第一节　锅炉基本知识

锅炉是一种受热、承压、有发生爆炸危险的特种设备，广泛应用于国民经济各个行业，它是化工、纺织印染、轻工等行业中的关键设备，同时在食品加工、医疗消毒、供热采暖等行业也得到广泛使用。

一、锅炉的概念

（一）锅炉的定义

锅炉，是指利用各种燃料、电或者其他能源，将所盛装的液体介质加热到一定的参数，并通过对外输出介质的形式提供热能的设备。顾名思义，锅炉包括“锅”和“炉”两个部分。“锅”是锅炉中盛水的部分，它的作用是吸收“炉”放出来的热量，使水加热到一定温度和压力（热水锅炉），或者转变为蒸汽（蒸汽锅炉）。“炉”是锅炉中燃料燃烧的部分，它的作用是尽量把燃料的热量释放出来，传递给锅内介质，产生热量供“锅”吸收。同时，为了保证锅炉正常运行，还必须配齐必要的附件仪表、自控装置和辅助设备。

图9－1　燃油（气）工业锅炉

近些年来，国家对大气污染治理要求越来越高，因此，燃油、燃气、电锅炉正在逐步替代燃煤锅炉。本教材的教学范围，是指以燃油、燃气为能源，属于特种设备的用于工业生产和采暖的工业锅炉。如图9－1所示。

《特种设备目录》中规定列为特种设备的锅炉包含：设计正常水位容积大于或等于30 L，且额定蒸汽压力大于或等于0.1 MPa（表压）的承压蒸汽锅炉；出口水压大于或等于0.1 MPa（表压），且额定功率大于或等于0.1 MW的承压热水锅炉；额定功率大于或等于 0.1 MW 的有机热载体锅炉。

（二）锅炉工作原理与工作过程

1. 工作原理

锅炉运行时，燃料中的可燃物质在适当的温度下，与通风系统输送给炉膛内的空气混合燃烧，释放出热量，通过各受热面传递给锅炉水，水温不断升高，产生热水或蒸汽，经过管道输送给用户使用。

2. 工作过程

锅炉的工作过程主要包括三个过程：燃料的燃烧过程，火焰和烟气向锅炉水和蒸汽的传热过程和锅炉水被加热、汽化的过程。

（三）锅炉的参数及指标

1. 压力

垂直均匀作用在单位面积上的力，称为压强。人们常把它称为压力，用符号 p 表示，单位是 MPa（兆帕）。我们在锅炉上所用的压力都是表压力，也就是以当时当地的大气压力作为测量起点，通过压力表测量出来的压力数值。

锅炉产品铭牌和设计资料上标明的压力，是这台锅炉的额定工作压力，为表压力。锅炉操作人员操作锅炉时，要控制锅炉压力不能超过锅炉铭牌上标明的压力。

2. 温度

标志物体冷热程度的物理量，称为温度，常用符号 T 表示，单位是℃（摄氏度）。锅炉铭牌上标明的温度是锅炉出口处介质的温度，又称额定温度。对于热水锅炉，其额定温度是指锅炉出口处的热水温度；对于无过热器的蒸汽锅炉，其额定温度是指锅炉在额定压力下的饱和蒸汽温度；对于有过热器的蒸汽锅炉，其额定温度是指过热器出口处的蒸汽温度。

3. 容量

锅炉的容量又称锅炉出力，是锅炉的基本特性参数，对于蒸汽锅炉用蒸发量表示，对于热水锅炉用热功率表示。

（1）蒸发量。蒸汽锅炉长期连续运行时，每小时所产生的蒸汽量，称为这台锅炉的蒸发量。常用符号 D 表示，常用单位是 t/h（吨/时）。

（2）热功率。热水锅炉长期连续运行，在额定回水温度、压力和额定循环水量下，每小时出水产生的有效热量，称为这台锅炉的额定热功率，常用符号 Q 表示，单位为 MW（兆瓦）。热水锅炉产生 0.7 MW（60 万 kcal/h）的热量，大体相当于蒸汽锅炉产生 1 t/h 蒸汽的热量。

4. 热效率

锅炉输出的有效利用热量 q_2 与同一时间内所输入的燃料热量 q_1 的百分比，称为锅炉热效率，常用符号 η 表示，其公式表示为

$$\eta = \frac{q_2}{q_1} \times 100\%$$

二、锅炉的分类

（一）按用途分类

锅炉按用途分为工业锅炉和电站锅炉。工业锅炉是指主要用于工业生产和供热采暖的锅炉。电站锅炉是指用锅炉产生的蒸汽带动汽轮机发电用的锅炉。

（二）按锅炉本体结构形式分类

锅炉按其本体结构形式分为锅壳锅炉（火管锅炉）和水管锅炉。蒸发（加热）受热面主要布置在锅壳（筒）内的锅炉称为锅壳锅炉，又称为火管锅炉。烟气在受热面管子外部流动，水在管子内部流动的锅炉称为水管锅炉。

（三）按锅壳位置分类

锅护按锅壳位置分为立式锅炉和卧式锅炉。锅壳纵向轴线垂直于地面的锅炉称为立式锅炉。锅壳纵向轴线平行于地面的锅炉称为卧式锅炉。

（四）按燃烧室布置分类

锅炉按燃烧室布置分为内燃式锅炉和外燃式锅炉。

（五）按使用燃料种类分类

锅炉按使用燃料种类分为燃煤锅炉、燃油锅炉和燃气锅炉，此外还有电热锅炉。

（六）按介质分类

锅炉按介质分为蒸汽锅炉、热水锅炉和汽水两用锅炉。将水加热成蒸汽的锅炉称为蒸汽锅炉，一般为生产用锅炉。将水加热到一定温度，但没有达到汽化的锅炉称为热水锅炉，一般为供热采暖用锅炉。

汽水两用锅炉是既可产生蒸汽又可产生热水的锅炉。

（七）按设备级别分类

锅炉设备级别分为 A 级、B 级、C 级、D 级。

1. A 级锅炉

A 级锅炉是指 p(额定工作压力)≥3. 8 MPa 的锅炉。

2. B 级锅炉

（1）蒸汽锅炉，0. 8 MPa < P < 3. 8 MPa。

（2）热水锅炉，p < 3. 8 MPa，且 T≥120 ℃（T 为额定出水温度，下同）。

3. C 级锅炉

(1) 蒸汽锅炉，$p \leqslant 0.8$ MPa，且 $V > 50$ L（V 为设计正常水位水容积，下同）。

(2) 热水锅炉，0.4 MPa $< p <$ 3.8 MPa，且 $T <$ 120 ℃；$p \leqslant 0.4$ MPa，且 95 ℃ $< T <$ 120 ℃。

4. D 级锅炉

(1) 蒸汽锅炉，$p \leqslant 0.8$ MPa，且 $V \leqslant 50$ L。

(2) 热水锅炉，$p \leqslant 0.4$ MPa，且 $T \leqslant 95$ ℃。

三、锅炉型号的表示方法

(一) 锅炉型号的组成及含义

工业锅炉（电加热锅炉除外）型号由三部分组成（图 9－2）。各部分表示内容如下：

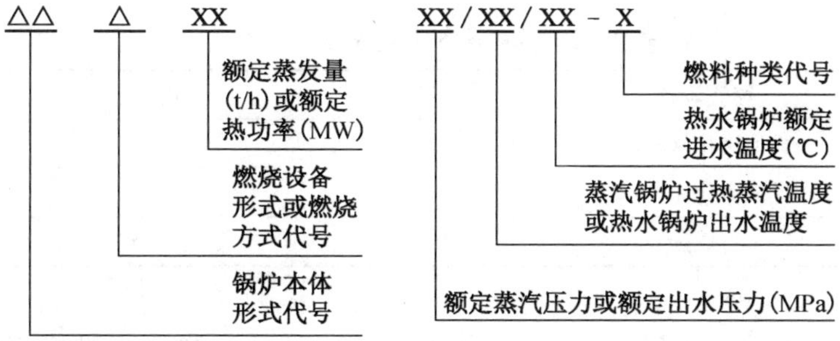

图 9－2 工业锅炉产品型号示意图

(1) 型号的第一部分表示锅炉本体形式和燃烧设备形式或燃烧方式及锅炉容量。共分三段，第一段用两个大写汉语拼音字母代表锅炉本体形式（表 9－1）；第二段用一个大写汉语拼音字母代表燃烧设备形式或燃烧方式（表 9－2）；第三段用阿拉伯数字表示蒸汽锅炉额定蒸发量为若干 t/h，或热水锅炉额定热功率为若干 MW，各段连续书写。

(2) 型号的第二部分表示介质参数，对蒸汽锅炉分两段，中间以斜线相连。第一段用阿拉伯数字表示额定蒸汽压力为若干 MPa；第二段用阿拉伯数字表示过热蒸汽温度为若干℃，蒸汽温度为饱和温度时，型号的第二部分无斜线和第二段。对热水锅炉分三段，中间也以斜线相连，第一段用阿拉伯数字表示额定出水压力为若干 MPa；第二段和第三段分别用阿拉伯数字表示额定出水温度和额定进水温度为若干℃。

表9-1 锅炉本体形式代号

锅炉类别	锅炉本体形式	代　号
锅壳锅炉	立式水管	LS
	立式火管	LH
	卧式外燃	WW
	卧式内燃	WN
水管锅炉	单锅筒立式	DL
	单锅筒纵置式	DZ
	单锅筒横置式	DH
	双锅筒纵置式	SZ
	双锅筒横置式	SH
	强制循环式	QX

表9-2 燃烧设备形式或燃烧方式代号

燃烧设备	代　号
鼓泡流化床燃烧	F
循环流化床燃烧	X
室燃炉	S

（3）型号的第三部分表示燃料种类。用大写汉语拼音字母代表燃料品种，同时用罗马数字代表同一燃料品种的不同类别与其并列（表9-3），如同时使用几种燃料，主要燃料放在前面，中间用顿号隔开。

表9-3 燃料种类代号

燃料种类	代　号
油	Y
气	Q

（二）锅炉型号举例

（1）WNS4.2-1.0/115/70-Q。表示卧式内燃室燃炉，额定热功率为4.2 MW，额定出水压力为1.0 MPa，额定出水温度为115 ℃，额定进水温度为70 ℃，燃料种类为天然气的热水锅炉。

（2）WNS4-1.25-Q。表示卧式内燃室燃炉，额定蒸发量为4 t/h，额定蒸汽压力为1.25 MPa，燃料种类为天然气的蒸汽锅炉。

（3）SZS10－1.6/350－Y、Q。表示双锅筒纵置式室燃炉，额定蒸发量为10 t/h，额定蒸汽压力为1.6 MPa，过热蒸汽温度为350 ℃，燃油、燃气两用，以燃油为主的蒸汽锅炉。

四、锅炉的其他要求

（1）锅炉的节能环保应满足法律、法规、安全技术规范及相关标准的要求。

（2）销售的锅炉应符合安全技术规范及相关标准的要求，其设计文件、产品质量合格证明等相关技术资料和文件应齐全。

（3）锅炉的制造、安装、改造、修理、使用单位和检验机构应按照特种设备信息化要求及时填报信息。

第二节　锅炉安全附件和仪表

锅炉安全附件和仪表是确保锅炉安全、经济运行必不可少的组成部分，包括安全阀、压力表、水位表、温度仪表、防爆门和其他安全保护装置等。

一、安全阀

（一）安全阀的作用

安全阀能自动将锅炉的工作压力控制在允许范围之内，其主要作用如下：

（1）当锅炉内蒸汽或热水压力超过规定压力（设定整定压力）时，安全阀能够自动开启，排汽排水降压，同时发出警报，使锅炉操作人员能及时采取措施。

（2）当锅炉内蒸汽或热水压力降到低于安全阀回座压力时，安全阀又能够自动关闭，以保证锅炉系统压力，节省燃料。

（二）安全阀的形式和结构

工业锅炉上常用的安全阀有弹簧式安全阀、杠杆式安全阀和静重式安全阀三类。弹簧式安全阀是锅炉上使用最广泛的安全阀，主要由阀体、阀座、阀芯、阀杆、弹簧和调整螺杆等组成，如图9－3所示。

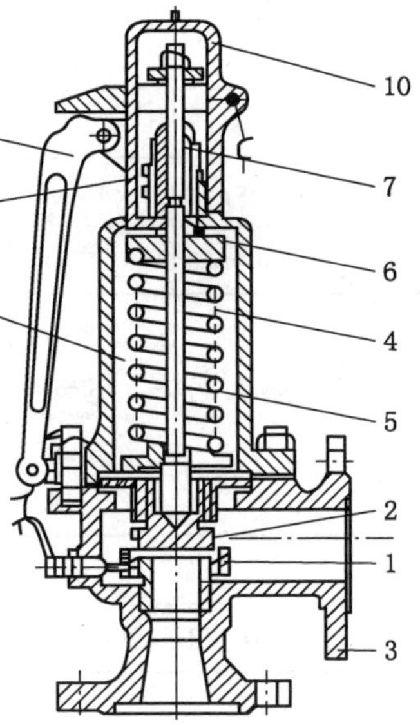

1—阀座；2—阀芯；3—阀体；4—阀杆；5—弹簧；6—弹簧压盖；7—调整螺栓；8—外罩；9—锁紧螺母；10—安全罩；11—手柄

图9－3　弹簧式安全阀

（三）安全阀的安全技术要求

1. 安全阀的设置

每台锅炉至少应装设两个安全阀（包括锅筒和过热器安全阀）。符合下列规定之一的，可以只装一个安全阀：

（1）额定蒸发量小于或等于0.5 t/h的蒸汽锅炉。

（2）额定蒸发量小于4 t/h且装有可靠的超压联锁保护装置的蒸汽锅炉。

（3）额定热功率小于或等于2.8 MW的热水锅炉。

2. 安全阀整定压力

安全阀整定压力确定原则如下：

（1）蒸汽锅炉安全阀整定压力按照表9－4的规定进行调整和校验，锅炉上有一个安全阀，可按照表中较低的整定压力进行调整；对有过热器的锅炉，过热器上的安全阀应按照较低的整定压力调整，以保证过热器上的安全阀先开启。

表9－4　蒸汽锅炉安全阀整定压力

额定工作压力/MPa	安全阀整定压力	
	最低值	最低值
$p \leqslant 0.8$	工作压力加0.03 MPa	工作压力加0.05 MPa
$0.8 < p \leqslant 5.3$	1.04倍工作压力	1.06倍工作压力
$p > 5.3$	1.05倍工作压力	1.08倍工作压力

（2）热水锅炉上的安全阀按照表9－5规定的压力进行整定。

表9－5　热水锅炉安全阀的整定压力

最　低　值	最　高　值
1.10倍工作压力，但是不小于工作压力加0.07 MPa	1.12倍工作压力，但是不小于工作压力加0.10 MPa

3. 安全阀校验

（1）在用锅炉的安全阀每年至少校验一次，校验一般在锅炉运行状态下进行。

（2）如果现场校验有困难或者对安全阀进行修理后，可以在安全阀校验台上进行，校验后的安全阀在搬运或者安装过程中不能摔、砸、碰撞。

（3）新安装的锅炉或者安全阀检修、更换后，应校验其整定压力和密封性。

（4）安全阀经过校验后，应加锁或者铅封。

（5）安全阀整定压力、密封性等检验结果应记入锅炉安全技术档案。

二、压力表

（一）压力表的作用

压力表的作用是指示锅炉内蒸汽或热水压力的高低。锅炉操作人员根据压力表的指示数值来调节锅炉压力，以保证用蒸汽或热水参数满足要求和锅炉的安全运行。

（二）压力表的结构

锅炉上普遍使用的是弹簧管式压力表，它由表盘、弹簧弯管、连杆、扇形齿轮、小齿轮、中心轴、指针等零件组成，如图9－4所示。

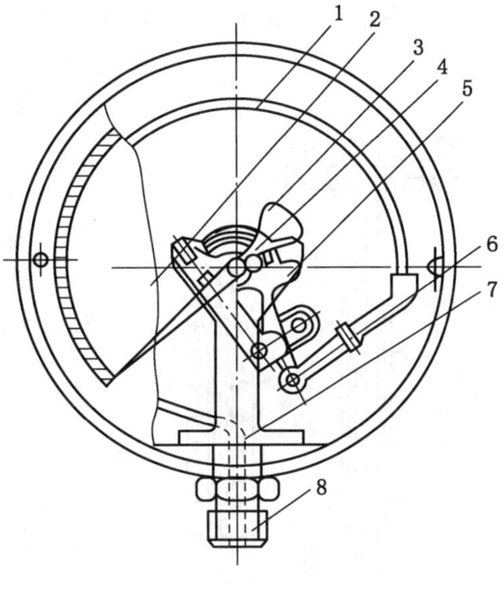

1—弹簧弯管；2—表盘；3—指针；4—中心轴；5—扇形齿轮；6—连杆；7—支撑座；8—管接头

图9－4　弹簧管式压力表

（三）对压力表的安全技术要求

1. 压力表的设置

（1）压力表应当装设在便于观察和吹洗的位置，并且应当防止受到高温、冰冻和震动的影响。

（2）锅炉蒸汽空间设置的压力表应当有存水弯管或者其他冷却蒸汽的措施，热水锅炉用的压力表也应当有缓冲弯管，弯管内径应当不小于10 mm。存水弯管使蒸汽或热水在其中冷却后，再进入弹簧弯管内，避免由于高温造成读数误差，甚至损坏表内的零件。存水弯管的下部，最好装有放水旋塞，以便停炉后放掉管内积水。

（3）压力表与弯管之间应当装设三通阀门，以便吹洗管路和卸换、校验压力表。

2. 压力表的选用

选用的压力表应符合下列规定：

（1）压力表应符合相应技术标准的要求。

（2）压力表的精确度应不低于2.5级；对于A级锅炉，压力表的精确度应当不低于1.6级。

(3) 压力表的量程应根据工作压力选用，一般为工作压力的1.5~3.0倍，最好选用2倍。

(4) 压力表表盘大小应保证锅炉操作人员能够清楚地看到压力指示值。

3. 压力表的校验

压力表安装前应进行校验，刻度盘上应画出指示工作压力的红线，并且注明下次校验日期。压力表校验后应加铅封。

4. 压力表停止使用情况

压力表有下列情况之一时，应当停止使用：

(1) 有限止钉的压力表在无压力时，指针转动后不能回到限止钉处；没有限止钉的压力表在无压力时，指针离零位的数值超过压力表规定的允许误差。

(2) 表盘玻璃破碎或表盘刻度模糊不清。

(3) 封印损坏或者超过校验期。

(4) 表内泄漏或者指针跳动。

(5) 其他影响压力表准确指示的缺陷。

三、水位表

(一) 水位表的作用

水位表是一种反映液位的测量仪表，它的作用是显示锅筒内水位的高低。

(二) 水位表的结构

水位表的构造形式有很多种，常用的有玻璃管式水位表、平板式水位表和双色水位表。其中以平板式水位表应用最为广泛。平板式水位主要由玻璃板、金属框盒、汽旋塞、水旋塞和放水旋塞等构件组成，如图9-5所示。

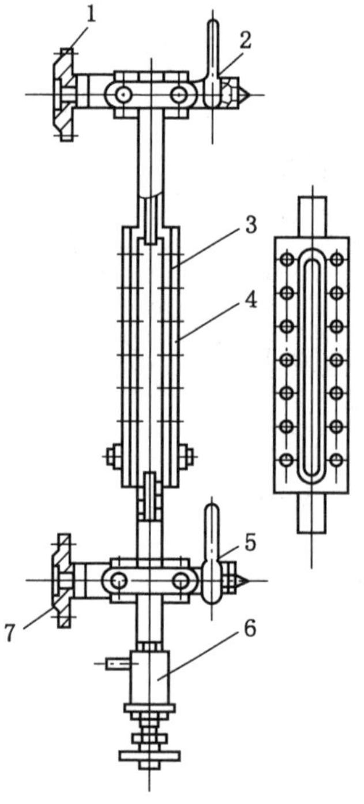

1—接汽连管的法兰；2—汽旋塞；3—玻璃板；4—金属框盒；5—水旋塞；6—放水阀；7—接水连管的法兰

图9-5　平板式水位表

(三) 水位表的安全技术要求

1. 水位表的设置

每台蒸汽锅炉锅筒（壳）至少应装设两个彼此独立的直读式水位表，符合下列条件之一的锅炉可以只装设一个直读式水位表：

(1) 额定蒸发量小于或等于0.5 t/h的锅炉。

(2) 额定蒸发量小于或等于2 t/h，且装有一套可靠的水位示控装置的锅炉。

（3）装设两套各自独立的远程水位测量装置的锅炉。

（4）电加热锅炉。

2. 水位表的安装

（1）水位表应安装在便于观察的地方，水位表距离操作地面高于 6000 mm 时，应加装远程水位测量装置或者水位视频监视系统。

（2）水位表应有指示最高、最低安全水位和正常水位的明显标志，水位表的下部可见边缘应比最高火界（锅炉燃烧过程中火焰达到的最高位置）至少高 50 mm，并且应比最低安全水位至少低 25 mm，水位表的上部可见边缘应比最高安全水位至少高 25 mm。

（3）用远程水位测量装置监视锅炉水位时，信号应各自独立取出；在锅炉控制室内至少有两个可靠的远程水位测量装置，同时运行中应保证有一个直读式水位表正常工作。

四、温度仪表

（一）温度仪表的作用

在锅炉和锅炉房热力系统中，给水、蒸汽和烟气等介质的热力状态是否正常，都依靠温度仪表来进行监视。

（二）温度仪表的形式与结构

常用的温度仪表有玻璃温度计、压力式温度计、热电偶温度计等多种形式。

1. 玻璃温度计

玻璃温度计是根据水银、酒精、甲苯等工作液体具有热胀冷缩的物理性质制成的，如图 9－6 所示。

2. 压力式温度计

压力式温度计是根据温包里的气体或液体，因受热而改变压力的性质制成的，如图 9－7 所示。一般分为指示式与记录式两种，前者可直接从表盘上读出当时的温度数值，后者有自动记录装置，可记录出不同时间的温度数值。

3. 热电偶温度计

热电偶温度计是利用两种不同金属导体的接点，受热后产生热电势的原理制成的测量温度仪表，如图 9－8 所示。

五、防爆门

（一）防爆门的作用和原理

当炉膛或烟道发生爆炸时，防爆门能自动开启泄压，避免造成炉墙开裂、倒塌事故。

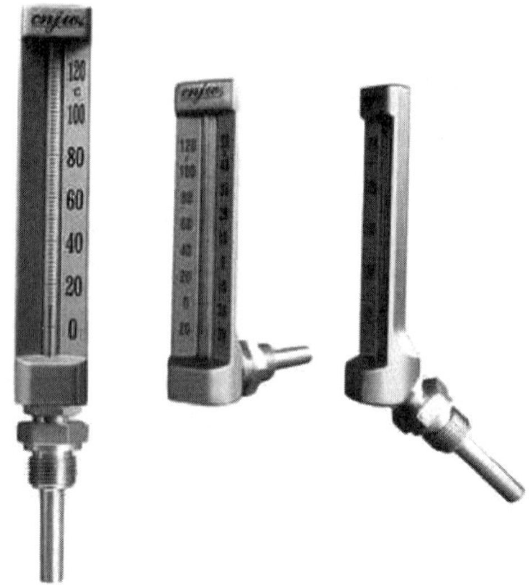

图9－6　玻璃温度计

图9－7　压力式温度计

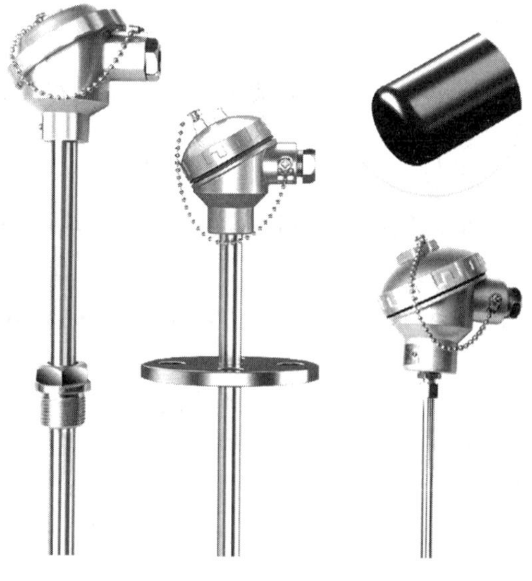

图9－8　热电偶温度计

（二）防爆门的结构

锅炉防爆门有翻板式和爆破膜式两种。

1. 翻板式防爆门

翻板式防爆门又称旋启式防爆门，多装置于燃烧室的炉墙上，如图 9－9 所示。

2. 爆破膜式防爆门

爆破膜式防爆门多装置于烟道上，由爆破膜和夹紧装置组成。爆破膜一般由石棉、铝和不锈钢等金属薄板制成，如图 9－10 所示。当炉膛或烟道内发生爆炸时，产生的气体冲击波压力使爆破膜破坏，起到泄压作用。爆破膜式防爆门一旦作用，就不会自行复位，必须打开夹紧装置重新放置爆破膜。

图 9－9　翻板式防爆门

图 9－10　爆破膜式防爆门

六、其他安全保护装置

（1）额定蒸发量大于或等于 2 t/h 的锅炉，应装设蒸汽超压报警和联锁保护装置，超压联锁保护装置动作整定值应低于安全阀较低整定压力值。

（2）蒸汽锅炉应当装设高、低水位报警（高、低水位报警信号应能够区分）和低水位联锁保护装置，保护装置最迟应在最低安全水位时动作。

（3）蒸汽锅炉的过热器和再热器，应根据机组运行方式、自控条件和过热器、再热器设计结构，采取相应的保护措施，防止金属壁超温。

（4）安置在多层或者高层建筑物内的锅炉，每台锅炉应配备超压（温）联锁保护装置和低水位联锁保护装置。

（5）锅炉应装设具有以下功能的联锁装置：

① 点火程序控制装置和熄火保护装置。

② 燃油及其雾化工质的压力、燃气压力低于规定值时，自动切断燃料供应。

③ 热水锅炉压力降低或者水温升高超过了规定值时，自动切断燃料供应。

④ 热水锅炉循环水泵突然停止运转，备用泵无法正常启动时，自动切断燃料供应。

第三节　锅炉安全管理和操作技术

一、一般安全管理要求

依据《中华人民共和国特种设备安全法》和《特种设备安全监察条例》的要求，以及《锅炉安全技术监察规程》（TSG 11—2020）、《二院化学品重大危险源和危险点安全管理规范》（Q/WE 1437—2021）等法规标准的相关要求，锅炉安全管理主要体现在以下几个方面。

（一）锅炉使用单位职责

锅炉使用单位应对其使用的锅炉安全负责，主要职责如下：

（1）采购监督检验合格的锅炉产品。

（2）按照锅炉使用说明书的要求运行。

（3）每月对所使用的锅炉至少进行 1 次月度检查，并且记录检查情况。检查内容主要为锅炉承压部件及其安全附件和仪表、联锁保护装置是否完好，燃烧器运行是否正常，锅炉使用安全与节能管理制度是否有效执行，作业人员证书是否在有效期内，是否对水质定期进行化验分析，水质未达到标准要求时是否及时处理，以及其他异常情况等。

（4）锅炉使用单位每年应对燃烧器进行检查，检查内容至少包括燃烧器管路是否密封，安全与控制装置是否齐全和完好，安全与控制功能是否缺失或者失效，燃烧器运行是否正常。

（二）锅炉使用登记

锅炉的使用单位，在锅炉投入使用前或者投入使用后 30 天内，应当按照规定要求到市场监督管理部门逐台办理登记手续。

（三）锅炉安全技术档案

锅炉使用单位应逐台建立安全技术档案，安全技术档案至少包括以下内容：

（1）锅炉的使用登记证和使用登记表。

（2）锅炉的出厂技术资料及监督检验证书。

（3）锅炉安装、改造、修理、化学清洗技术资料及监督检验证书或报告。

（4）水处理设备的安装调试记录、水质处理定期检验报告和定期自行检查记录。

（5）锅炉定期检验报告。

（6）锅炉日常使用状况记录和定期自行检查记录。

（7）锅炉及其安全附件、安全保护装置及测量调控装置校验报告、试验记录及日常维护保养记录。

（8）锅炉运行故障和事故记录及事故处理报告。

（四）安全管理人员和操作人员

（1）锅炉安全管理人员、锅炉运行操作人员和锅炉水处理作业人员应当按照《特种设备作业人员监督管理办法》的规定持证上岗，按章作业。

（2）B 级及以下全自动锅炉可以不设跟班锅炉运行操作人员，但是应建立定期巡回检查制度。

（3）特种设备作业人员证每 4 年复审一次，持证人员应在复审期届满 3 个月前，向发证部门提出复审申请。

（4）特种设备作业人员在资格证书有效期满前提交换证申请，发证机关核验通过后，直接办理换证。资格证书有效期逾期的，作业人员应重新申请取证。

（五）锅炉使用管理制度

锅炉使用管理应制定以下制度和规程：

（1）岗位责任制。包括锅炉安全管理人员、班组长、运行作业人员、维修人员、水处理作业人员等职责范围内的任务和要求。

（2）巡回检查制度。明确定时检查的内容、路线和记录的项目。

（3）交接班制度。明确交接班要求、检查内容和交接班手续。

（4）锅炉及辅助设备的操作规程。包括设备投运前的检查及准备工作、启动和正常运行的操作方法、正常停运和紧急停运的操作方法。

（5）设备维修保养制度。规定锅炉停（备）用防锈蚀内容和要求，以及锅炉本体、安全附件、安全保护装置、自动仪表及燃烧和辅助设备的维护保养周期、内容和要求。

（6）水质管理制度。明确水质定时检测的项目和合格标准。

（7）安全管理制度。明确防火、防爆和防止非作业人员随意进入锅炉房的要求，保证通道畅通的措施以及事故应急预案和事故处理办法等。

（8）节能管理制度。符合锅炉节能管理有关安全技术规范的规定。

（六）锅炉使用管理记录

锅炉使用单位应根据本单位锅炉使用情况建立锅炉及燃烧设备运行、检查、水汽质量测定、维修、保养、事故和交接班等记录。

（七）锅炉化学清洗

当锅炉结垢超过标准规定值时，锅炉使用单位应请具有相应能力的化学清洗单位，按照相关国家标准的要求及时进行化学清洗。化学清洗过程应接受特种设备检验机构的监督检验。

（八）锅炉的检验

锅炉使用过程中的检验包括监督检验和定期检验。

1. 监督检验

监督检验（包括制造、安装、改造、重大修理和化学清洗监督检验）是监督检验机构在制造、安装、改造、重大修理和化学清洗单位自检合格的基础上，对制造、安装、改造、重大修理和化学清洗过程进行的符合性监督抽查。

2. 定期检验

定期检验是对在用锅炉当前安全状况是否满足要求进行的符合性抽查，包括运行状态下进行的外部检验、停炉状态下进行的内部检验和水（耐）压试验。

1）定期检验安排

锅炉使用单位应当安排锅炉的定期检验工作，并且在锅炉下次检验日期前 1 个月向具有相应资质的检验机构提出定期检验要求。

2）定期检验周期

（1）外部检验。每年进行 1 次。

（2）内部检验。一般每 2 年进行 1 次，成套装置中的锅炉结合成套装置的大修周期进行；首次内部检验在锅炉投入运行后 1 年进行，成套装置中的锅炉可以结合第一次检修进行。

（3）水（耐）压试验。检验人员或者使用单位对设备安全状况有怀疑时，应进行水（耐）压试验；因结构原因无法进行内部检验时，应每 3 年进行 1 次水（耐）压试验。

（4）成套装置中的锅炉由于检修周期等原因不能按期进行内部检验时，使用单位在确保锅炉安全运行（或者停用）的前提下，经过使用单位主要负责人审批后，可以适当延期安排内部检验（一般不超过 1 年并且不得连续延期），并且向锅炉使用登记机关备案，注明采取的措施以及下次内部检验的期限。

（5）除正常的定期检验以外，锅炉在移装投运前、停止运行 1 年以上需要恢复运行前，也应进行内部检验。

3）定期检验项目的顺序

外部检验、内部检验和水（耐）压试验在同一年进行时，一般首先进行内部检验，然后进行水（耐）压试验、外部检验。

（九）锅炉事故预防与应急救援

（1）锅炉使用单位应制定事故应急措施和救援预案，并且进行演练。

（2）锅炉使用单位发生锅炉事故，应按照《特种设备事故报告和调查处理规定》（国家质量监督检验检疫总局令第115号）及时报告和处理。

（十）危险点管理

依据《二院化学品重大危险源和危险点安全管理规范》（Q/WE 1437—2021），满足以下条件的锅炉房，构成危险点，须同时按照危险点管理要求对锅炉进行管理：

（1）单台热功率大于或等于50 t/h的天然气锅炉，或单台热功率大于或等于75 t/h的非天然气蒸汽锅炉，或总热功率大于或等于100 t/h的锅炉房，构成Ⅰ级危险点。

（2）单台热功率大于或等于20 t/h且小于50 t/h的天然气锅炉，或单台热功率大于或等于50 t/h且小于75 t/h的非天然气承压热水锅炉，或总热功率大于或等于75 t/h且小于100 t/h的锅炉房，构成Ⅱ级危险点。

（3）单台热功率小于20 t/h的天然气锅炉，或单台热功率小于50 t/h的非天然气承压热水锅炉，或总热功率小于75 t/h的锅炉房，构成Ⅲ级危险点。

二、锅炉的维护保养和检修

（一）锅炉的维护保养

锅炉和附件的维护保养分为一级维护保养、二级维护保养和停炉保养。

1. 一级维护保养

一级维护保养是指锅炉运行期间不停炉而进行局部的、预防性的检修，一般锅炉运行3个月后进行1次。一级维护保养的项目和内容见表9-6。

表9-6　一级维护保养的项目和内容

序号	保养部位	保养项目及要求
1	水位表	检查水位表旋塞，清除泄漏现象；检查照明设备，若有损坏应及时修复
2	压力表	检查三通旋塞及存水弯管管接头，消除泄漏；转动三通旋塞，压力表指针应能恢复到零
3	安全阀	检查安全阀应无泄漏；检查铅封应无损坏，排气管应畅通
4	管路及阀件	外表面清洁及补漆，修理保温层；检修管路、阀件的漏水和漏气现象

表9-6（续）

序号	保养部位	保养项目及要求
5	锅炉本体	检查锅炉外表应无严重变形；检查人孔、手孔，消除泄漏
6	辅助设备	检查风管及烟道；检查给水、循环水泵及水处理设备、通风设备
7	燃烧装置	检查传动装置各部分，并进行加油；检查喷嘴、调风装置、油气管路，消除漏风、漏气漏油及堵塞
8	炉墙、炉膛	消除炉墙漏烟；修补保温层
9	温度计	检查温度计要清晰可见
10	自动控制装置	检查电路、控制盘、调节阀、操作机构及一次仪表；检查点火程序及联锁报警保护装置的可靠性

2. 二级维护保养

二级维护保养是指有计划地安排停炉，对设备进行全面的、恢复性的检修或更换零部件的保养工作。一般锅炉运行一年后或一个运行周期后要进行一次二级维护保养。二级维护保养的项目和内容见表9-7。

表9-7 二级维护保养的项目和内容

序号	保养部位	保养项目及要求
1	水位表	清洗内表面，保持干净；更换填料；拆修或更换水位表旋塞
2	压力表	校验压力表；拆检存水弯管及三通旋塞，外表除锈、刷油漆
3	安全阀	拆修、整定安全阀；更换损坏件并补漆；校验铅封
4	管路及阀件	修理、更换损坏的管路及阀件，并进行补漆、保温
5	锅炉本体	清除受热面表面烟灰；检查水冷壁、对流管、过热器管的变形情况，更换坏管；清除受热面内表面水污物；检修锅炉焊缝及胀接处；修补锅壳、炉胆的损伤；燃油锅炉清理积炭
6	辅助设备	检修给水、循环水泵及水处理设备、通风设备
7	燃烧装置	更换磨损的轴承；检修机械的易损部分；检修或更换烧坏的喷嘴及其他零件；检修或更换烧坏的风帽、调风装置；检修油、气管路，消除漏气漏油；检修油、气过滤器，油加热器
8	炉墙、炉膛	更换烧坏的耐火砖，修补炉墙的漏烟、漏风缺陷；修补保温层

表9-7（续）

序号	保养部位	保养项目及要求
9	温度计	检查及更换温度计，要清晰可见
10	自动控制装置	检查电路、控制盘、调节阀、操作机构及一次仪表；检查点火程序及联锁报警保护装置的可靠性

（二）锅炉停炉保养

锅炉停炉期间，由于金属面的潮湿及空气的存在，会造成腐蚀。常用的停炉保养方法有压力保养、干法保养、湿法保养等。

1. 压力保养

压力保养适用于停炉不超过一周的锅炉，利用锅炉中的余压（0.05～0.1 MPa），保持锅炉水温度稍高于100 ℃，既能使锅炉水中不含氧气，又可阻止空气进入锅筒。为了保持锅炉水温度，可以定期在炉膛内生微火，也可定期利用相邻的锅炉蒸汽加热。

2. 干法保养

干法保养是指在锅内及炉膛内放置干燥剂进行防护的方法，适用于长期停用的锅炉或季节使用的采暖锅炉。其方法如下：

（1）锅炉停止使用后，将其内部水垢、铁锈和外部烟灰清理干净，用微火将锅炉烘干。

（2）将盛有干燥剂的无盖盆子放置于停用锅炉的锅筒和炉胆内，并将汽水系统和烟火系统与外界严密隔绝，封闭人孔、手孔。

（3）干燥剂一般使用无水氧化钙或生石灰，其需用量可根据锅炉容量进行计算。如用块状无水氧化钙，为1.5～2 kg/m^3；如用生石灰，则为2～3 kg/m^3。

（4）为了保证干法保养的效果，应定期打开人孔进行检查，如发现干燥剂已成粉状，失去吸湿能力，则应更换新的干燥剂。

3. 湿法保养

湿法保养是在汽水系统中灌注碱性溶液，利用碱液和金属作用生成的氧化物保护膜来防止锅炉金属的腐蚀。湿法保养适用于停炉不超过一个月的锅炉，其方法如下：

（1）停炉后，首先将锅炉受热面内外污垢、烟灰清除干净，隔断与外界相连接的管路。

（2）将锅炉内灌满软化水，每吨进水中加入2 kg 氢氧化钠，或5 kg 磷酸三钠，或10 kg碳酸钠。药品要溶化为液体灌入。

（3）当加药水灌满后，应加热至105 ℃，以排除水中的气体。然后，将锅炉所有门孔关闭。

（4）保养期间，应使加药水保持充满状态，防止空气漏入。

（三）锅炉保养和检修的安全要求

需要进入锅炉内进行保养和检修作业时，应符合以下要求：

（1）进入锅筒（壳）、烟道内部工作之前，必须用强度足够的金属堵板将连接其他运行锅炉的蒸汽、热水、给水、排污、总烟道等管道可靠地隔开，必须可靠地隔断油、气的来源。

（2）进入锅筒（壳）、烟道及燃烧室内部工作之前，必须进行通风，严格遵守有限空间作业安全操作规程。

（3）在锅筒（壳）和潮湿的炉膛、烟道内工作而使用电灯照明时，照明电压不得超过24 V；在比较干燥的烟道内，要有妥善的安全措施，可以采用不高于36 V的照明电压；禁止使用明火照明。

三、锅炉安全操作技术

（一）锅炉运行前的检查和准备

1. 锅炉本体及燃烧器的检查

（1）锅炉内检查。检查锅筒、炉胆、火管、管板、封头及拉撑等受压元件是否正常，锅筒内壁与水位计、压力表等相连接的管子接头处有无污垢堵塞，水垢泥渣是否清洗干净，有无工具及其他物品遗留在锅炉内。

（2）锅外检查。检查锅炉本体外部有无损坏，炉膛有无积油；检查防爆门是否装设正确和严密；烟囱安装是否合理；安全阀、水位计、压力表、温度表应齐全并灵敏、安全、可靠。

（3）燃烧器检查。检查燃烧器安装是否合理，油压表、气压表指示是否正确，风机、电动机转向是否正确，风门及传动装置是否完好，启动是否灵活；负荷调节装置位置是否正确，点火电极、点火位置、大火位置是否预设好。

2. 锅炉附属设备的检查

（1）循环水泵、补水泵、给水泵试运转无漏水、噪声及升温异常等现象。

（2）试运转水处理设备、除氧器，检查锅炉给水是否达到锅炉水质标准要求。

3. 汽水管道、阀门的检查

汽水管道、阀门都应连接齐全，管道支吊架完好；所有阀门是否安装正确、牢固及完好，开关灵活，开度指示和其实际开度是否符合；主蒸汽管、给水管道及排污管等法兰连接处应无堵板（盲板）；锅筒、管道、阀门等保温情况良好。

4. 回转机械的检查

风机和电动机的安装必须正确完好，固定牢靠，转动部分必须装有防护罩。风机叶片转动方向正确，试转动无摩擦、碰撞、卡死或其他异常现象。

5. 燃料供应系统的检查

燃油、燃气管路系统主要检查阀门、法兰、压力表连接等处的严密性，是否存在泄漏，过滤器有无堵塞现象；燃油管路系统应检查油泵的热备用系统是否运转正常，检查日用油箱中的加热装置能否良好工作。

6. 电气系统检查

合上电源，检查供电电源是否符合额定电压，进配电柜是否符合额定电压。

（二）锅炉启动

1. 锅炉吹扫

在锅炉点火前，应吹净燃料系统的空气和锅炉及烟道内的可燃气体混合物，以防止发生爆炸事故。

2. 锅炉点火

燃油、燃气锅炉的点火过程中最容易发生爆炸事故，因此必须严格按操作规程进行，切不可疏忽大意。锅炉点火前，为防止炉膛和烟道可能残留有可燃气体而引起爆炸，必须启动风机对炉膛和烟道进行连续吹扫。锅炉点火时，现场禁止有无关人员聚集，点火人员应站在锅炉侧面点火，禁止正对着点火孔，禁止站在锅炉的前方和后方，以防爆燃或爆炸时伤到人员。

点火最好一次成功。若一次点火不成功，或在运行中突然灭火，必须首先关闭油阀或燃气调节阀，停止向炉膛供燃料，并充分通风换气后，再重新点火。

3. 锅炉升压

锅炉点火后，燃烧要缓慢加强，升压期间可适当排水、补水。为了保证锅炉各部分受热均匀，严格控制温度不能急剧升高，燃烧不能过猛。

（三）锅炉运行操作与调整

1. 蒸汽锅炉运行操作与调整

1）水位的监视与调节

锅炉水位的变化会使汽压、汽温产生波动，甚至发生满水或缺水事故。因此，锅炉在运行中应尽量做到均衡连续给水，或勤给水、少给水，以保持水位在正常水位线处轻微波动。

2）温度、压力的监视与调节

锅炉正常运行时，必须经常监视温度、压力指示，保持蒸汽压力稳定，不得超过最高允许工作温度和压力。若运行中锅炉的蒸汽温度、压力超过规定的允许值，必须采取减弱燃烧强度、调节锅炉负荷、对空排汽等紧急措施，严重时应停止锅炉运行。

2. 热水锅炉运行操作与调整

热水锅炉的内部充满循环水，在运行中没有水位问题，其主要控制参数是运行温度及运行压力。在锅炉运行中，必须严密监视锅炉出口水温，保证出口水温低于运行压力下相应饱和温度 20 ℃以下。出口压力应能保证锅炉水到达最高供热点。

3. 燃烧的调整

正常燃烧时，炉膛中火焰稳定，呈白橙色，一般有轻微隆隆声。如果火焰狭窄无力或有异常声响，均表示燃烧有问题，应及时调整油（气）量和风量。

4. 锅炉附件的运行操作

1）压力表

（1）定期冲洗压力表存水弯管，防止堵塞。冲洗时操作人员不能面对出汽孔，以免烫伤。

（2）应定期校核压力表指示是否准确。

2）安全阀

（1）为了防止安全阀阀芯和阀座粘住，应定期做手动排汽，操作时要轻抬轻放。

（2）要注意检查安全阀的铅封是否完好。

（3）安全阀不允许随意解列，不允许任意提高安全阀的整定压力或者使安全阀失效。

3）水位表、水位控制装置

（1）水位表每班至少冲洗一次，汽水旋塞必须在全开位上。

（2）对水位传感器装置要做到每班一次排污，同时定期检查自动进水及低水位报警和联锁保护是否正常。

5. 水质处理

锅炉水处理方法主要包括锅外水处理、锅内水处理和锅炉给水除氧三大类。

（1）锅外水处理。主要包括预处理、软化处理、降碱处理和除盐处理等几种处理方法。

（2）锅内水处理。通过向锅炉内投入一定数量的防垢剂，在锅内与水中的结垢物质发生反应，生成松散而又有流动性的水渣，通过锅炉排污除去，从而达到防止或减缓锅炉结垢和腐蚀的目的。

（3）锅炉给水除氧。其解决的问题是防止锅炉发生化学腐蚀和电化学腐蚀。当蒸汽锅炉额定蒸发量大于或等于 10 t/h 时锅炉给水应除氧，额定蒸发量小于 10 t/h 的锅炉如发现局部腐蚀也应采取除氧措施。当热水锅炉额定功率大于或等于 7.0 MW 时锅炉给水应除氧，额定功率小于 7.0 MW 的锅炉给水应尽量除氧。常用的除氧方法有化学除氧、真空除氧和热力除氧。

6. 锅炉排污

1）排污的方式

（1）连续排污，又叫表面排污，是连续不断地从锅炉水表面，将浓度较高的锅炉水排出，它是降低锅炉水中的含盐量和碱度，以及排除锅炉水表面的油脂和泡沫的重要方式。

（2）定期排污，又叫间断排污和底部排污，设在锅筒、集箱的最低处，一般由两只串联的排污阀和排污管组成。定期排污是排除锅炉内形成的泥垢以及其他沉淀物的有效方式。

2）排污的操作方法

（1）连续排污阀门保持一定的开度，每隔 1 ~ 2 h 取锅炉水水样一次，与标准相对照。如某项超标，则适当加大连续排污阀门的开度或加强定期排污，再取样分析，直至各项合格。

（2）定期排污每班至少一次，最好是在锅炉低负荷或停止用汽时进行。排污前应调整锅内水位比正常水位高 30 ~ 50 mm。排污时，炉膛燃烧工况应减弱，并由两人进行操作，一人监视水位，一人操作排污阀。每组排污阀的排污时间为 20 ~ 30 s。在排污阀的操作上，应先开斜截止阀或闸阀，然后再开快速排污阀，而且先开的阀门后关，后开的阀门先关。

3）排污的注意事项

（1）排污的原则是：勤排、少排、均衡排。

（2）锅炉排污量通常不超过蒸发量的 5% ~ 10% 。

（3）排污应缓慢进行，防止水冲击。

（4）在开启排污阀时，如排污阀开关不动，不得用加长扳手的方法或用锤击的方法强制排污。排污后，过一段时间，触摸排污阀后的管子是否发热。如果发热，表示排污阀有泄漏，应查明原因，及时消除。

（四）锅炉停炉

锅炉停炉分为正常停炉和紧急停炉两种情况。

1. 正常停炉

正常停炉是指锅炉有计划地停炉，应按照锅炉安全操作规程所规定的停炉操作步骤，按顺序进行。

（1）逐渐降低锅炉的负荷。

（2）停止锅炉。

（3）蒸汽锅炉将自动给水改为手动给水，保持锅炉水位稍高于正常水位。当汽压已下降时，停止供汽，停止给水，关闭主汽阀，并隔绝与蒸汽母管的连接。有过热器的锅炉，应打开过热器出口集箱疏水阀适当放汽，以冷却过热器，同时关闭连续排污阀。装有铸铁省煤器的锅炉，应打开省煤器旁通烟道挡板，但锅炉上水仍需经省煤器。停炉后的锅炉应缓慢冷却，汽压不可下降太快。待汽压降低到0.2 MPa时，可开启空气阀，以免锅炉内因降温形成真空。停炉18～24 h后，锅炉水温度低于70 ℃时方可全部放水。

（4）热水锅炉不得停止循环水泵的运行，只有当锅炉水温度降到50 ℃以下时，才可停止循环水泵。

（5）停炉后，还应做好各项检查，如查看电源是否关闭，炉腔余热有无引起压力升高的危险，周围有无可燃物等，填写锅炉操作记录。

2. 紧急停炉

紧急停炉，是指在锅炉运行过程中发生危及锅炉安全运行情况时采取的停炉方式，因此又称为事故停炉。锅炉在运行中，遇有下列情况之一时，应立即停炉：

（1）发生锅炉炉体爆管或漏水、元（部）件损坏、可编程控制器（PLC）通讯失败、温度急剧上升失去控制、压力表或安全阀全部失效等异常情况，危及运行操作人员安全。

（2）燃气、燃油泄漏。

（3）循环泵或补给水泵全部失效，或补给水泵不断补水，锅炉压力仍然继续下降。

（4）蒸汽锅炉水位低于水位表最低可见边缘，采取措施但是水位仍然继续下降；锅炉满水，经过放水仍然不能见到水位。

（5）热水锅炉因循环不良造成锅炉水汽化，或者锅炉出口热水温度上升到与出口压力下相应饱和温度的差值小于20 ℃。

紧急停炉的操作：①立即停止锅炉；②关闭燃油、燃气供给阀门；③因缺水紧急停炉时，严禁向锅炉上水；④因爆管事故紧急停炉时，立即停止锅炉，关闭锅炉进、出水阀门；⑤热水锅炉紧急停炉过程中，不得停止循环水泵的运行。

第四节 锅炉常见事故类型及防范

一、锅炉的危险性及危险要素

（一）锅炉存在的危险要素

1. 锅炉爆炸

锅炉由于具有受热、承压的特性，在工作过程中因压力超出锅炉本体所能承受压力，引发锅炉爆炸事故。锅炉爆炸可能会影响到邻近场所、单位和周边居民，造成人员轻伤、重伤以及死亡。

2. 其他爆炸

锅炉使用燃油、燃气作为燃料，当燃料因泄漏或燃烧不充分导致在炉膛内积聚，浓度达到爆炸下限，满足一定爆炸条件时会发生爆炸。根据燃料浓度、泄漏量等不同，产生的后果和影响程度也不同，可能会影响到邻近场所、单位和周围居民，造成人员轻伤、重伤以及死亡。

3. 触电

锅炉工作中需要用到电能，人体若接触带电设备导体裸露部分时会发生触电，可能造成人员轻伤、重伤以及死亡。

4. 灼烫

锅炉工作中产生的热水、蒸汽突然泄漏时会烫伤人员。

5. 高处坠落

在锅炉顶部平台进行巡视检查、操作、维修、调试等作业时，可能会发生人员从高处坠落至基准面，造成人员轻伤、重伤以及死亡。

6. 物体打击

在锅炉顶部平台进行维修、调试等作业时，物品掉落可能会造成人员轻伤、重伤或死亡。

7. 中毒和窒息

在锅炉内部进行维修、保养作业时，未采取防护措施或防护不当可能造成人员窒息，造成人员轻伤、重伤以及死亡。

（二）采取的预防控制措施

1. 锅炉爆炸

（1）锅炉运行人员按照操作规程认真进行巡视检查和操作，避免出现超压、缺水、满水、爆管等异常情况。

（2）定期对锅炉超压联锁保护装置进行检查测试，确保状态完好。

（3）认真执行安全阀每年校验制度，使用在有效期内的安全阀。在运行前和运行期间进行一次安全阀试抬试验，检查阀座是否粘连。

（4）认真执行压力表半年校验制度，使用在有效期内的压力表。

2. 其他爆炸

（1）锅炉运行人员按照操作规程启动和停止锅炉，不得私自改动燃料检测程序和吹扫程序。

（2）锅炉启动时，禁止人员站在锅炉前和锅炉后，现场禁止聚集无关人员。

（3）再次点火前按要求吹扫炉膛，防止炉膛内有残余燃料达到爆炸极限。

3. 触电

保持人体与带电导体间的最小安全距离，加强现场监管。

4. 灼烫

严格按照操作规程进行作业，正确佩戴劳动防护用品。

5. 高处坠落

（1）高处作业时必须戴好安全帽，系好安全带，扣好安全钩，穿软底鞋。

（2）锅炉平台侧面应有超过 1 m 的护身栏杆。

6. 物体打击

（1）为劳动者提供安全帽等劳动防护用品。

（2）作业所使用的工具、材料等严禁掉下；严禁用抛掷的办法传递工具、材料等；较小的材料或工具放在工具袋里；较大的材料用吊装机具传递，严禁抛掷。

（3）同一个作业面，禁止上、下同时开工。

（4）高处作业现场必须设专人看护，重物下面严禁有人通过或停留，必要时拉安全警示线，圈定范围，并挂上安全警示牌。

7. 中毒和窒息

严格遵守有限空间作业安全操作规程，按照有限空间作业要求实施作业。

二、锅炉常见事故类型及其处理和防范

锅炉事故按锅炉设备的损坏程度，可分为爆炸事故、水系统事故、炉管爆管事故等。

（一）爆炸事故

爆炸事故是指锅炉在使用中或压力试验时，受压部件发生破坏，设备中介质蓄积的能量迅速释放，内压瞬间降至外界大气压力而引发的事故。还有一种爆炸事故是炉膛爆炸，可燃气体在炉膛积聚，当浓度达到爆炸范围（上、下限之间），又遇到激发能源（如电火花、明火等）时，就会发生爆炸事故。

1. 爆炸的原因

1）受压部件发生破坏引起的爆炸

（1）超压。使受压元件应力超过强度极限而破裂。

（2）超温。受压元件超过其允许使用温度，材料强度下降。

（3）受压元件材料磨损、腐蚀减薄或出现裂纹，承压能力降低而失效。

2）炉膛爆炸

（1）锅炉因启动前未吹扫足够长的时间，排除炉膛内可燃气体。

（2）锅炉点火不成功，未查明原因，继续强行点火。

2. 爆炸事故的处理

（1）立即组织人员疏散。

（2）在现场安全的前提下，切断燃料的供应，扑灭现场明火。

（二）缺水事故

锅炉运行中，当水位低于水位表最低安全水位刻度线时，即形成了缺水事故。

1. 常见的缺水原因

（1）操作人员对水位监视不严，当锅炉负荷增大时，未能及时调整进水量。

（2）水位表安装不正确，水连管不能向锅筒自动流水；水位表没有按规定冲洗，造成汽水连管堵塞；水位表冲洗后汽水旋塞未恢复到正常位置，形成假水位。

（3）给水系统自动调节失灵或管道堵塞或破裂，不能进水或进水量不足。

（4）排污阀损坏或排污后忘记关闭。

（5）炉管或省煤器管破裂。

2. 缺水事故的处理

通过“叫水”法，判断缺水的程度。

1）轻微缺水的处理

关小主汽阀，减弱燃烧，减缓水位下降的速度。缓慢向锅炉进水，至锅炉水位表显示正常水位后停止进水。观察水位变化情况，如果水位很快下降而且保不住，必须停炉检修。如果水位能稳住，则可以逐步恢复燃烧，待压力正常后再缓慢开大主汽阀，恢复正常供汽。

2）严重缺水的处理

（1）应紧急停炉，禁止向锅炉内进水。

（2）待锅炉水冷却至 70 ℃以后，放出锅炉水，打开人孔、手孔，对锅炉进行检验、鉴定。

（三）满水事故

锅炉水位高于水位表最高安全水位刻度线时，称为锅炉满水事故。满水会造成蒸汽大量带水，从而会使蒸汽管道发生水击，降低蒸汽品质，影响正常供汽。在装有过热器的锅炉中，还会造成过热器结垢、淬火或损坏。

1. 满水事故的原因

（1）司炉工疏忽大意，对水位监视不严或无人监视。

（2）给水自动调节失灵，到高水位时不能自动停止给水。

（3）给水阀泄漏或忘记关闭，自动向锅炉内进水。

（4）水位表放水旋塞泄漏或水连管堵塞，造成假水位，引起操作人员判断失误。

2. 满水事故的处理

（1）判断满水程度。关闭水位表水连管旋塞，开启放水旋塞，如果看到水位从水位表上部可见边缘出现，并缓慢下降，则属于轻微满水。如果只看到放水管有水放出而看不到水位表上部可见边缘有水位出现，则属于严重满水。

（2）轻微满水的处理。减少燃料和通风，减弱燃烧。将给水自动调节器改为手动，关闭或关小给水阀，停止或减少给水。开启排污阀放水，同时严密注意水位表水位变化，待水位降到正常水位线后，关闭排污阀。开启主汽管、分汽缸和蒸汽管路上的疏水阀，放出冷凝水。恢复正常燃烧，待疏水阀全部冒出蒸汽后，关闭疏水阀，恢复正常供汽。

（3）严重满水的处理。满水时应紧急停炉，然后放出锅炉水，检查过热器、管道、阀门有无因满水而损坏，必要时应对过热器进行反冲洗，消除过热器内的锅炉水。

（四）汽水共腾

锅炉内蒸汽和锅炉水共同升腾，锅炉水表面产生大量泡沫，汽水分界模糊不清，使蒸汽大量带水的现象称为汽水共腾。

1. 汽水共腾的原因

（1）锅炉水质不良，给水中含油，锅炉水的碱度与含盐量过高，使锅炉水表面生成泡沫。

（2）锅炉排污不足，锅炉水内水渣量过大。

（3）锅炉水位过高，又超负荷运行，使锅筒内水汽混合物增多，水汽分离困难。

（4）锅炉操作不当，主汽阀开启过猛。

2. 汽水共腾的处理

关小主汽阀，减少燃料和通风，减弱燃烧。开大表面排污阀，适当开启定期排污阀，同时加强给水，保持正常水位，改善锅炉水品质。开启过热器、分汽缸、蒸汽管路上的疏水阀。增加锅炉水的监测分析化验次数，指导锅炉排污，直到锅炉水碱度、含盐量达到标准后再停止换水。在水质和水位正常后，再恢复燃烧，逐步恢复供气。

（五）水击事故

水击是由于蒸汽或水突然产生的冲击力，使锅筒或管道发生冲击或振动的一种现象。

1. 水击事故的原因

水击的根本原因是汽（气）水共存。水与蒸汽共存时，蒸汽冷凝后会出现局部真空，这时周围的水向真空处补充，发生剧烈撞击，产生巨大的声响和振动。

2. 水击事故的处理

消除水击的唯一方法就是使水汽（气）分离。

（1）锅筒内水击处理。调整锅炉水位，如水位过低，可适当提高；进水尽量均匀，检修进水止回阀。

（2）给水管道水击处理。开启管道上的空气阀，排除给水管道内的空气和蒸汽。

（3）蒸汽管道水击的处理。打开蒸汽管道上的疏水阀，排尽管内冷凝水，待所有疏水阀都冒出蒸汽后关闭疏水阀。

（4）省煤器水击的处理。开启空气阀，排除空气或蒸汽。

（五）爆管事故

炉管爆管后燃烧不稳，汽压、水位不容易维持，且爆管会损坏邻近的管壁，冲塌炉墙，使事故扩大。爆管会发生在水冷壁、对流管、过热器和省煤器上。

1. 炉管爆管的原因

（1）水质不良，引起炉管结垢或腐蚀。结垢使传热恶化，炉管金属壁超温，强度下降；腐蚀使管壁减薄，最后穿孔、破裂。

（2）制造、安装质量差，特别是焊接不良，常会造成焊口破裂。

（3）材质不良。管子有夹层、夹渣、分层或轧制时有机械损伤。

（4）水循环破坏。局部结焦，热负荷不均匀，造成部分炉管水循环停滞甚至倒流，引起超温。

（5）严重缺水。管子缺水部分会因过热、强度降低而发生破裂。

2. 炉管爆管的处理

（1）炉管轻微破裂，水位尚能维持，可以暂时降压运行，适当降低负荷，待做好锅炉检修准备后再停炉检修。

（2）如炉管爆管后，水位、蒸汽压力不能维持，或者不及时处理会使其他管子连续爆破，应紧急停炉，关闭锅炉进、出水阀门。

三、典型事故案例

（一）浙江温州“7·30”锅炉爆炸事故

1. 事故经过和危害

2006 年 7 月 30 日 21 时许，温州市某制革厂突发锅炉爆炸事枚，造成 5 人死亡，4 人受伤。

法院审理查明，该制革厂主要负责人吴某、林某，以及企业生产主管人员徐某在制革厂生产过程中，没有制定锅炉安全生产规章制度和操作规程，安全生产责任制没有建立健全，也没有对从业人员进行安全生产培训，锅炉操作工无锅炉操作证。

2006 年 5 月 9 日，温州市特种设备检测中心对该厂的锅炉进行检测，5 月 17 日出具了工业锅炉内部检验报告，要求该厂对已超期未校脸的安全阀和压力表进行校验，但该企业却没有及时送检、校验。

2. 事故原因分析

温州市“7·30”事故调查组调查报告认定：事故直接原因是锅炉正常燃烧运行时，两只出汽阀一只被关闭，另一只也基本被关闭，致使锅炉严重超压，而安全阀未正常启跳。事故锅炉残骸经权威部门检测，锅炉安全阀阀门的内部机构已经完全锈死，无法在使用时正常开启。

3. 事故处理

法院认为，徐某身为企业主管人员，吴某、林某身为主要负责人，明知本单位安全设施和安全生产条件不符国家规定，经有关部门提出之后，对事故隐患仍不采取措施，因而发生重大伤亡事故，情节特别恶劣，其行为已经构成重大劳动安全事故罪。事故责任人吴某、林某、徐某分别被判处有期徒刑。

（二）湖北省枝江“1·12”锅炉爆炸事故

1. 事故经过和危害

2017 年 1 月 12 日上午，湖北省枝江市某企业一台卧式内燃锅炉在调试点火时发生炉膛燃爆事故，造成 2 人死亡，7 人受伤。

2. 事故原因分析

该事故是由于使用单位在燃烧器程序控制器正常运行过程中，违规将燃气安全切断阀强行短接通电开启，造成点火前燃气进入炉膛与空气混合达到爆炸极限，当程序控制器运行至点火位时炉膛发生燃爆。

3. 事故启示

（1）锅炉使用单位不得私自改动和解列燃烧器运行控制程序。锅炉使用单位应当按照锅炉相关安全技术规范的要求，对燃烧器、锅炉安全附件和安全联锁装置进行日常检查。

（2）新装锅炉安装完成后进行的系统调试应当由锅炉使用单位与锅炉安装单位或锅炉制造企业共同完成，调试时应由持相应资质的锅炉作业人员进行锅炉操作。需对燃烧器进行调试时，应当由燃烧器制造单位或其授权单位的技术人员进行现场指导。

（3）锅炉系统和燃烧器调试期间，锅炉使用单位应确保无关人员不在锅炉附近聚集。

（4）锅炉燃烧器的改造、更换和调试工作由燃烧器制造商或其授权的单位负责，锅炉使用单位做好配合工作。燃烧器的任何改造、修理和更换都不得降低锅炉的安全性能和能效指标。

（三）广东佛山市某粉厂“4·8”锅炉爆炸事故

1. 事故经过和危害

2009 年 4 月 8 日 20 时 50 分，佛山市某粉厂一台 2008 年 8 月安装的 LSG0.5－0.7－AⅢ型锅炉发生爆炸，锅炉本体飞出 8 m 开外。事故致当班司炉工 1 人死亡，邻厂 3 人受伤，锅炉房和邻厂 2 间工人宿舍垮塌，直接经济损失超过 70 万元。

2. 事故原因分析

（1）该锅炉在未经安装监督检验合格、未办理使用登记的情况下擅自私下违规投入使用。

（2）司炉工无证且违章操作致使锅炉缺水干烧。

（3）锅炉水位控制和报警装置失效。

3. 事故启示

（1）必须设置锅炉安全管理机构或指定安全管理人员，落实有关人员责任，建立健全安全管理规章制度和操作规程并严格执行。

（2）加强作业人员的安全教育和培训工作，提高其作业水平和应对事故的能力，杜绝无证上岗现象和违规违章操作行为。

（3）完善锅炉安全技术档案管理，做好日常使用状况记录、定期自行检查记录、日常维护保养记录、故障和事故记录。

（4）及时办理锅炉的使用登记和向法定检验机构申请检验，严禁使用未经使用登记和检验合格的锅炉。

（5）加强锅炉安全附件、自动控制和联锁报警保护装置的日常检查维护保养工作，确保其灵敏可靠、正常使用。

小结

本章介绍了锅炉的概念及分类，讲解了锅炉安全附件分类及工作原理，说明了锅炉一般安全管理要求、安全操作技术以及维护保养及检修要求，阐述了锅炉运行中存在的危险因素、可能发生的事故类型及预防控制措施，分析了近些年有代表性的锅炉事故。

思考与讨论

1. 反映锅炉主要特征的运行参数有哪些？
2. 请说出型号为 WNS7 – 1. 0/95/70 – Q 锅炉的运行参数。
3. 锅炉运行中需要建立哪些管理制度和记录？
4. 锅炉水质对锅炉运行安全有哪些影响？
5. 在哪些情况下热水锅炉需要紧急停炉？
6. 锅炉运行中会发生的事故类型有哪些？

参 考 文 献

[1] 张万岭. 特种设备安全 [M]. 北京：中国计量出版社，2006.

[2] 杨申仲，李秀中，岳云飞. 特种设备管理与事故应急预案 [M]. 北京：机械工业出版社，2021.

[3] 中国安全生产科学研究院. 安全生产管理 [M]. 北京：应急管理出版社，2019.

[4] 岳忠. 气瓶安全管理与技术 [M]. 北京：中国劳动社会保障出版社，2011.

[5] 中华人民共和国国家质量监督检验检疫总局. TSG 08—2017 特种设备使用管理规则 [S]. 北京：新华出版社，2017.

[6] 国家市场监督管理总局. TSGZ 6001—2019 特种设备作业人员考核规则 [S]. 北京：新华出版社，2019.

[7] 国家市场监督管理总局. TSG 03—2024 特种设备事故报告和调查处理导则 [S]. 北京：新华出版社，2024.

[8] 国家市场监督管理总局. TSG 07—2019 特种设备生产和充装单位许可规则 [S]. 北京：新华出版社，2019.

[9] 国家市场监督管理总局. TSG 23—2021 气瓶安全技术规程 [S]. 北京：新华出版社，2021.

[10] 全国气瓶标准化技术委员会. GB/T 7144—2016 气瓶颜色标志 [S]. 北京：中国标准出版社，2016.

[11] 全国气瓶标准化技术委员会. GB/T 13005—2011 气瓶术语 [S]. 北京：中国标准出版社，2011.

[12] 特种设备事故报告和调查处理规定（国家市场监督管理总局令第 50 号）.

[13] 市场监管总局关于 2022 年全国特种设备安全状况的通报（国家市场监管总局通告 2023 年第 6 号）.

[14] 市场监管总局办公厅并于开展“特种设备企业主体责任推进年”活动的通知（市监特设发〔2023〕33 号）.

[15] 国家市场监督管理总局. TSG 11—2020 锅炉安全技术规程 [S]. 北京：新华出版社，2020.

[16] 余志洪. 锅炉司炉作业 [M]. 北京：机械工业出版社，2014.

[17] 曹治明. 燃油燃气锅炉运行实用技术 [M]. 郑州：黄河水利出版社，2021.

[18] 沈贞珉. 燃气供热锅炉技术培训教材 [M]. 北京：航空工业出版社，2004.

[19] 王雷，宋寅，冯靖安，等. 企业特种设备安全管理问题思考 [J]. 中国特种设备安全，2023，39（5）：49 - 51 + 100.

[20] 特种设备安全监督检查办法 [J]. 中华人民共和国国务院公报，2022，No. 1774（19）：32 - 36.

[21] 王保兴，张宇睦，姚新宽，等. 规范化管理在压力容器安全检验中的应用 [J]. 中国标

准化，2023，No.625（04）：147－149.
［22］王新海，卢海雁，王立仁，等．压力容器安全技术管理分析［J］．当代化工研究，2021，No.86（09）：187－188.
［23］特种设备使用单位落实使用安全主体责任监督管理规定［J］．中华人民共和国国务院公报，2023（18）：37－60.
［24］中华人民共和国国家质量监督检验检疫总局．TSG 21—2016，固定式压力容器安全技术监察规程［S］.
［25］中华人民共和国国家质量监督检验检疫总局．电梯使用管理与维护保养规则［M］．北京：新华出版社，2009.
［26］田海丰．电梯安全技术及应用［M］．北京：化学工业出版社，2022.
［27］徐腾，张兆杰．电梯操作安全技术［M］．郑州：黄河水利出版社，2007.
［28］卢保中．电梯安全管理与使用［M］．北京：中国劳动社会保障出版社，2021.
［29］全国锅炉压力容器标准化技术委员会．GB/T 38942—2020 压力管道规范—公用管道［S］．北京：中国标准出版社，2020.
［30］全国锅炉压力容器标准化技术委员会．GB/T 20801.1—2020 压力管道规范　工业管道　第1部分：总则［S］．北京：中国标准出版社，2020.
［31］国家经济贸易委员安全生产局．GB 7231—2003 工业管道的基本识别色、识别符号和安全标识［S］．北京：中国标准出版社，2003.
［32］全国锅炉压力容器标准化技术委员会．GB/T 20801.6—2020 压力管道规范　工业管道　第6部分：安全防护［S］．北京：中国标准出版社，2020.
［33］中华人民共和国国家质量监督检验检疫总局．TSG D7005—2018，压力管道定期检验规则—工业管道［S］.
［34］中华人民共和国国家质量监督检验检疫总局．TSG D0001—2009，压力管道安全技术监察规程—工业管道［S］.
［35］中国安全生产协会注册安全工程师工作委员会，中国安全生产科学研究院．安全生产技术基础［M］．北京：应急管理出版社，2022.
［36］张斌．特种设备安全技术［M］．北京：化学工业出版社，2013.
［37］喻颖．场（厂）内专用机动车辆安全管理和作业人员培训教材［M］．湖南：湘潭大学出版社，2021.
［38］国家市场监督管理总局．TSG 81—2022 场（厂）内专用机动车辆安全技术规程［S］.
［39］山西省电力公司．机动车与起重安全作业［M］．中国电力出版社，2001.
［40］许素睿．机械安全工程［M］．北京：中国劳动社会保障出版社，2021.